国家出版基金项目
NATIONAL PUBLICATION FOUNDATION

生态气象系列丛书

丛书主编：丁一汇

丛书副主编：周广胜 钱 拴

U0383964

贵州生态气象

谷晓平 段 莹 廖留峰 于 飞 等 著

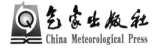

气象出版社
China Meteorological Press

内 容 简 介

贵州是中国西部地区唯一的国家级生态文明试验区,生态良好与脆弱性并存。本书紧紧围绕生态文明建设气象保障服务,汇集了当前已开展的一系列生态气象监测评估应用与研究成果。全书共分9章,第1章、第2章主要介绍了贵州省情与山地气候特征,第3章至第8章分别针对农田、森林、水体湿地、喀斯特石漠化、山地城市、山地旅游进行生态气象监测评估,第9章介绍了在高原地区进行生态修复的人工增雨方法、作业规范和增雨后的效果评估。可供气象及相关部门业务和科研人员、高校师生阅读参考。

图书在版编目(CIP)数据

贵州生态气象 / 谷晓平等著. -- 北京 : 气象出版社,2023.8
(生态气象系列丛书 / 丁一汇主编)
ISBN 978-7-5029-7914-0

Ⅰ. ①贵… Ⅱ. ①谷… Ⅲ. ①生态环境−气象观测−研究−贵州 Ⅳ. ①P41

中国国家版本馆CIP数据核字(2023)第102004号

贵州生态气象
Guizhou Shengtai Qixiang

出版发行:气象出版社

地 址:北京市海淀区中关村南大街 46 号		邮政编码:100081	
电 话:010-68407112(总编室) 010-68408042(发行部)			
网 址:http://www.qxcbs.com		E - m a i l:qxcbs@cma.gov.cn	
责任编辑:黄红丽		终 审:张 斌	
责任校对:张硕杰		责任技编:赵相宁	
封面设计:博雅锦			
印 刷:北京地大彩印有限公司			
开 本:787 mm×1092 mm 1/16		印 张:11.25	
字 数:288 千字			
版 次:2023 年 8 月第 1 版		印 次:2023 年 8 月第 1 次印刷	
定 价:115.00 元			

著者名单

谷晓平　段　莹　廖留峰　于　飞

许　弋　杨　娟　廖　瑶　宋善海

田鹏举　张明祥　尚媛媛　唐红祥

李光一

前言

　　贵州地处青藏高原东南侧、云贵高原的东斜坡上，多云多雨，地形多样，山地占比 92.5％，是长江、珠江上游地区的重要生态屏障，在国家生态安全格局战略中具有重要作用，但易受气候灾害不利影响，气候变化和经济社会的快速发展对自然生态系统和大气环境造成了巨大压力。贵州也是世界上喀斯特地貌发育最典型的区域之一，是我国重要的水土保持区和石漠化防治区，石漠化问题突出，生态环境脆弱，地理情况复杂，地质灾害频繁。2016 年 8 月，中共中央、国务院批复贵州为首批国家生态文明试验区之一，支持开展绿色屏障建设制度等八项创新试验。贵州是西部地区唯一的国家级生态文明试验区，贵州的生态文明建设，是中国生态文明建设成就的一个缩影。

　　气象事业是科技型、基础性、先导性社会公益事业，气象工作关系生命安全、生产发展、生活富裕、生态良好，做好气象工作意义重大、责任重大。天气气候是自然生态系统的重要组成部分，在生态文明建设中发挥着重要作用。面向生态文明建设、防灾减灾的新需求、新机遇、新挑战，构建生态文明建设气象保障服务体系，提升生态气象服务综合能力，更好地服务于贵州经济社会发展，服务于人民群众，是贵州生态气象工作者的使命和任务。

　　2007 年以来，在中国气象局、贵州省科技厅等项目支持下，围绕党中央、国务院的重大部署，按照贵州省委、省政府和中国气象局的要求，积极发挥气象灾害监测预报、生态系统监测评价、气候资源开发利用、人工影响天气等优势能力，做好生态文明建设气象保障服务工作。2018 年至今，贵州生态气象工作者以生态文明建设和应对气候变化需求为牵引，从实际需求出发，充分利用"地面-高空-卫星"观测一体化的综合监测网，以植被生态质量监测评估为切入点，逐步开展贵州生态气象遥感监测评估，针对山水林田湖草等，开展生态气象研究和服务，在生态气象监测、生态气候环境评价、生态气候价值评估、灾害遥感监测评估、农田作物长势及面积监测等方面取得明显进展，大力提升了生态保护和修复气象支撑能力，有效发挥气象在自然生态系统保护与建设中的作用。

　　本书分为 9 个章节，第 1 章和第 2 章介绍了贵州省情和贵州气候；第 3 章至 9 章针对重点领域，介绍了在农田生态气象、森林生态气象、水体湿地生态气象、喀斯特石漠化生态气象、山地城市生态气象、山地旅游生态气象、高原地区人工增雨生态修复方面取得的成果。该书是对近年上述领域实践经验和科研成果的一个汇集，可供相关技术人员参考。

作者

2022 年 10 月

目录

第 1 章

绪 论

党的十九大明确了新时代生态文明建设的新理念、新战略和新要求。生态文明建设是关系人民福祉、关乎民族未来的长远大计,是"五位一体"社会主义现代化建设总体布局的重要组成部分。天气气候是自然生态系统的重要组成部分,在生态文明建设中发挥着重要作用。气象条件决定了自然生态系统的基本格局,深刻影响人类经济社会发展布局(王晨,2017)。

生态气象是研究生态系统与气象条件之间相互关系的科学,是气候系统多圈层相互作用的关键环节,服务于人与自然和谐发展(周广胜 等,2021)。中国气象局十分关注生态与气象的关系,早在 2002 年就出台了《关于气象部门开展生态监测与信息服务的指导意见》(气发〔2002〕367 号)。2004 年,《中国气象事业发展战略》明确提出开展生态气象业务。2006 年,《国务院关于加快气象事业发展的若干意见》中明确气象部门要重点开展重大生态问题的气象监测评估和预测预报业务服务,建立和完善国家、省级生态系统气象监测预测和评估业务体系。2014年,中国气象局发文要求各省成立"生态气象中心"(气发〔2014〕93 号),2017 年发布的《中国气象局关于加强生态文明建设气象保障服务工作的意见》(气发〔2017〕79 号)中明确要求省级成立"生态遥感中心",开展生态气象观测业务。2017 年编制了《"十三五"生态文明建设气象保障规划》(气函〔2017〕114 号)。在落实国务院《"十三五"生态环境保护规划》中,通过任务分工明确了气象部门职能,涉及重污染天气应对、严格环境风险预警管理、整合设立一批国家公园、实施生态文明绩效评价考核等。在加强生态环境监测网络建设中,气象部门也有相关职能。

贵州是长江、珠江上游地区的重要生态屏障,在国家生态安全格局战略中具有重要作用,但易受气象灾害不利影响,气候变化和经济社会的快速发展对自然生态系统和大气环境造成了巨大压力。贵州是世界上喀斯特地貌发育最典型的区域之一,也是我国重要的水土保持区和石漠化防治区,石漠化问题突出、生态环境脆弱、地理情况复杂、地质灾害频繁。

面向生态文明建设、防灾减灾、军民融合的新需求、新机遇、新挑战,构建生态文明建设气象保障服务体系,提升生态气象服务综合能力,更好地服务于贵州经济社会发展,服务于人民群众,是深入贯彻习近平新时代中国特色社会主义思想,落实生态文明建设这一国家战略,推进"五位一体"总体布局和"四个全面"战略布局的必然要求,也是实现可持续发展的内在要求。

1.1 贵州省情

贵州省国土面积 17.62 万 km²,辖 9 个市(州)和 88 个县(市、区、特区)。贵州属亚热带湿润季风气候区,年平均气温 15 ℃ 左右,年降雨量在 1000～1400 mm 之间;年无霜期在 250～300 d 之间。贵州 92.5% 的面积为山地和丘陵,境内地势西高东低,平均海拔在 1100 m 左右,最高点海拔 2901 m,最低点海拔 148 m,相差达 2753 m。

　　贵州是我国石漠化最严重的省份,贵州石漠化面积 3.3 万 km²,占全省面积 19%,居全国各省(区、市)之首。全省 88 个县(市、区、特区)中有 78 个为国家石漠化综合治理重点县。贵州水土流失面积高达 7.3 万 km²,占全省面积的 42%,年土壤侵蚀量 2.53 亿 t,年侵蚀模数1432 t/km²,相当于每年流失 40 多万亩[①]耕地的表层土。2016 年以来,累计完成营造林 2980万亩,森林面积达 1.58 亿亩,治理石漠化 5234 km²、水土流失 10772 km²。截至 2020 年,全省共建有国家森林城市 2 个,国家森林乡村 273 个。

　　"十三五"期间,经过全面保护和系统整治,贵州省生态环境持续向好,山水林田湖草系统治理成效显著。"十三五"末,森林覆盖率达到 60%,草原综合植被盖度达到 88%,县城以上城市空气质量优良天数比率达 99.4%,全省出境断面水质优良率为 100%,中心城市集中式饮用水水源地水质达标率为 100%,县城集中式饮用水水源地水质达标率为 99.8%,工业固体废物综合利用率为 80.9%,世界自然遗产地达到 4 个,是全国世界自然遗产地数量最多的省份,生态环境公众满意度居全国第二位。实施主体功能区规划,划定生态保护红线面积 4.59 万km²。贵州茶园、辣椒、薏苡、火龙果和刺梨种植规模居全国首位,马铃薯种植规模居全国第二位,中药材、荞麦种植规模居全国第三位,"十三五"期间,高位推动茶、食用菌、中药材、辣椒等12 个农业特色优势产业不断做大做强。国家 AAAAA 级旅游景区达 8 家,国家 AAAA 级旅游景区达 126 家,旅游总收入达到 5785.09 亿元。全省长江流域 20 个水产种质资源保护区实现全面禁捕,乌江、清水江等主要河流水质明显改善。作为两江上游的重要生态安全屏障,为切实守好生态和发展两条底线,满足群众对生态良好的期待,贵州积极履行国土空间用途管制和生态保护修复职责,为建设百姓富、生态美的多彩贵州新未来提供决策(图 1.1,图 1.2)。

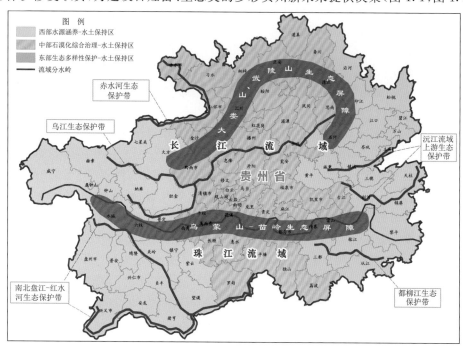

图 1.1　贵州省生态安全战略格局示意图

---

　　①　1 亩=1/15 hm²,余同。

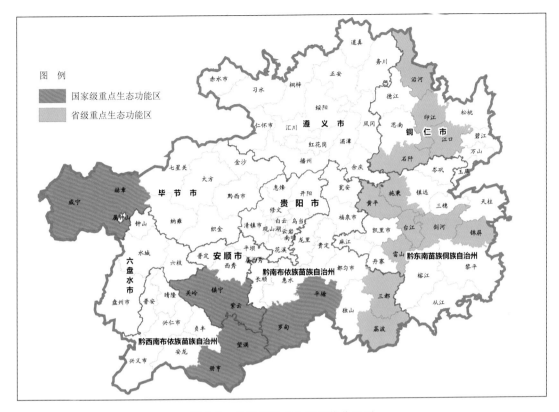

图 1.2　贵州省重点生态功能分区图

1.2　党中央、国务院高度关注贵州生态文明建设

2011 年 5 月,习近平总书记在贵州考察时,对进一步抓好林业生态建设,强化生态文明观念提出了要求,强调强化生态工程建设。

2013 年 1 月,生态文明贵阳国际论坛正式获党中央、国务院批准举办。此论坛成为国内唯一以生态文明为主题的国家级国际论坛。

2014 年 3 月,习近平总书记参加十二届全国人大二次会议贵州代表团审议时要求,坚守发展和生态两条底线,切实做到经济效益、社会效益、生态效益同步提升。

2015 年 6 月,习近平总书记在贵州视察时要求,协调推进"四个全面"战略布局,守住发展和生态两条底线,培植后发优势,奋力后发赶超,走出一条有别于东部、不同于西部其他省份的发展新路。

2016 年 8 月,中共中央、国务院批复贵州成为首批国家生态文明试验区之一,支持开展绿色屏障建设制度等八项创新试验。

2017 年 10 月,中共中央办公厅、国务院办公厅印发的《国家生态文明试验区(贵州)实施方案》提出,要以建设"多彩贵州公园省"为总体目标,建成长江珠江上游绿色屏障建设示范区、西部地区绿色发展示范区、生态脱贫攻坚示范区、生态文明法治建设示范区、生态文明国际交流合作示范区。到 2018 年,贵州省生态文明体制改革取得重要进展;到 2020 年,全面建立产权清晰、多元参与、激励约束并重、系统完整的生态文明制度体系,建成以绿色为底色、生产生活生态空间和谐为基本内涵、全域为覆盖范围、以人为本为根本目的的"多彩贵州公园省"。

党的十九大期间,习近平总书记参加贵州代表团讨论时,希望贵州全面贯彻落实党的十九大精神,大力培育和弘扬团结奋进、拼搏创新、苦干实干、后发赶超的精神,守好发展和生态两条底线,创新发展思路,发挥后发优势,决战脱贫攻坚,决胜同步小康,续写新时代贵州发展新篇章,开创百姓富、生态美的多彩贵州新未来。

多年以来,贵州省秉持绿水青山就是金山银山理念,始终坚持生态优先、绿色发展,强力实施大生态战略行动,誓要走出一条有别于东部、不同于西部其他地区的发展新路。

作为西部地区唯一的国家级生态文明试验区,4 a 多来,贵州以习近平生态文明思想为指引,牢记习近平总书记"守好发展和生态两条底线"的嘱托,以建设"多彩贵州公园省"为总目标,深入实施大生态战略行动,推动大生态与大扶贫、大数据、大健康、大旅游、大开放相结合,全力打造长江珠江上游绿色屏障建设示范区、西部绿色发展示范区、生态脱贫攻坚示范区、生态文明法治建设示范区、生态文明国际交流合作示范区"五个示范区",形成了一批可复制可推广的重要制度经验。

1.3 生态文明建设气象保障服务

2006 年在中国气象局生态与农业气象轨道业务系统设计的指导下,结合贵州省情,从轨道业务发展目标、功能与结构、业务流程、布局与分工、保障措施、实施计划等方面,设计贵州省生态与农业气象轨道业务方案。目标定位:建立完备的生态与农业气象综合监测体系;建立和完善生态与农业气象观测规范和标准体系;建立和完善生态与农业气象业务流程;依托现代化的信息传输、存储、处理、管理和分析技术,建立集监测、评估、预警预测、产品服务于一体的适用于省、地、县的业务服务系统;建立新型的信息服务与反馈机制,大力提高决策服务、公众服务能力和应急反应能力。

《贵州"十三五"生态建设规划》明确了十个方面的重点建设任务,包括强化生态建设气象保障:实施生态气象观测网络、生态气象预警与评估能力、生态气象业务服务系统和生态服务型人工影响天气能力等建设,开展生态气象灾害监测预警,加大人工影响天气作业点建设,不断提升科学防控重大生态气象灾害风险能力。

2007 年以来,在中国气象局、贵州省科技厅等项目支持下,围绕党中央、国务院的重大部署,按照贵州省委、省政府和中国气象局的要求,积极发挥气象灾害监测预报、生态系统监测评价、气候资源开发利用、人工影响天气等优势能力,全力做好生态文明建设气象保障服务工作。生态文明建设气象保障服务工作取得明显进展,气象服务在生态环境和资源保护的作用持续提升,气候资源在绿色发展的作用更加显著,生态气象综合观测体系进一步优化,大气环境治理气象预测评估能力进一步增强,生态环境质量气象条件评价指标体系基本确立,逐步建立覆盖全省范围的生态文明建设气象保障服务业务,实现生态文明建设气象保障服务工作规范化、标准化和业务化。

截至 2020 年,贵州共建成 84 个国家级气象观测站、12 个水汽观测站、18 个农业气象观测站、86 个土壤水分自动观测站、2 个气溶胶观测站和 10 个酸雨观测站。各类区域自动站总计3002 个,乡镇覆盖率达到 100%。建成雷公山、梵净山山脉断面气象观测系统;完成风云三号、风云四号气象卫星地面接收站建设并投入使用,风云、高分等系列卫星资料正常接收,积累了大量不同分辨率的卫星遥感信息资料,实现贵州省境内高分卫星数据接收、预处理、数据管理和对外分发的功能,初步形成天地空立体观测系统。全省利用 1~2 架飞机(租用)、400 多门高炮、200 多台火箭开展防雹增雨作业,人工防雹增雨的规模位于全国前列。

以植被生态质量监测评估为切入点,逐步开展贵州生态气象遥感监测评估服务,针对重点领域,在自然保护区、城市热岛、森林火险、石漠化治理、生态旅游、山地农业以及"中国天眼"(FAST)核心区保护等方面积极开展基于多源遥感数据的生态气象监测与评估服务。积极探索高分遥感创新应用,开展自然资源资产离任审计、500 亩坝区、人类活动等试点监测分析,为相关部门提供数据支撑和科学依据。

围绕贵州山地"一区三带"生态保护红线基本空间格局,从区带分别选取 1~2 个典型山地公园区域作为山地生态遥感试点监测对象,建设贵州山地公园生态遥感监测模块,不断提升省级生态环境与生态保护红线卫星遥感监测气象保障服务能力。建立集生态质量监测信息、气候和气候变化影响评估信息、干旱对生态的影响评估信息及地方生态文明建设绩效考核气象条件贡献率评价服务于一体的生态气象服务综合业务,提升贵州生态文明建设的科技服务。

建设和完善(高分、气象等)卫星、无人机、地面生态监测网等多源生态气象与生态遥感监测网络,开展不同时空尺度的生态状况等的遥感监测,建立生态环境卫星遥感业务系统,实现对地表生态环境变化的动态监测,为生态红线保护、资源环境承载力评估、山水林田湖草生态系统保护和修复、重大灾害的影响调查等提供高精度的监测评估服务产品。

生态文明建设绩效考核的气象评价指标体系基本建立,形成重要生态保护和石漠化生态治理修复区的气象保障服务示范,气象灾害生态风险管理能力显著提升,在推进生态文明气象保障方面走在全国前列。

全球气象卫星观测新格局的形成以及国家遥感卫星新体系的建立,为贵州卫星遥感应用的发展带来了前所未有的机遇;经济社会发展、生态文明建设、防灾减灾以及应对气候变化给遥感应用带来新需求的同时,也带来了新的技术挑战。生态气象综合观测体系需进一步优化,覆盖植被、大气、水体、重大污染源、自然灾害、石漠化等;核心技术需实现突破,卫星遥感应用技术和山地生态质量、重大气象灾害和气候变化对生态系统的影响评估方法体系有待升级;面向地方需求开发本地特色生态气象业务服务技术和系统,需形成重要生态保护和修复区的气象保障服务示范,服务能力向市、县级气象部门辐射,形成"省一级业务,省市县三级服务"的业务布局。

1.4　本章小结

贵州生态良好与脆弱性并存。在党中央、国务院高度关注贵州生态文明建设中,贵州省秉持绿水青山就是金山银山理念,山水林田湖草系统治理成效显著,生态文明建设气象保障服务也得到长足发展。

第 2 章
气候概况

2.1　基本气候条件

贵州地处中国西南部,境内地势西高东低,高原山地居多,素有"八山一水一分田"之说,平均海拔在 1100 m 左右。贵州的气候温暖湿润,属亚热带湿润季风气候,常年(1991—2020 年)相对湿度在 76%～84%之间,气温变化小,冬暖夏凉,气候宜人。受大气环流及地形等影响,贵州气候具有多样性特点,常有"一山分四季,十里不同天"之说。

贵州的常年平均气温为 15.8 ℃,其中最热月(7 月)的平均气温为 24.5 ℃,最冷月(1 月)的平均气温为 5.2 ℃,是典型夏凉地区。从全省的常年平均气温分布来看(图 2.1),东部和南部地区相对较高,平均气温在 16 ℃以上;西部则相对较低,其中威宁地区平均气温在 12 ℃以下。贵州降水丰沛,雨季明显,常年平均降水量为 1209.1 mm。受东亚季风的影响,降水主要集于夏季,占全年的 47.6%。南部和东部区域常年降水量在 1200 mm 以上,而毕节西部、黔西和汇川等地

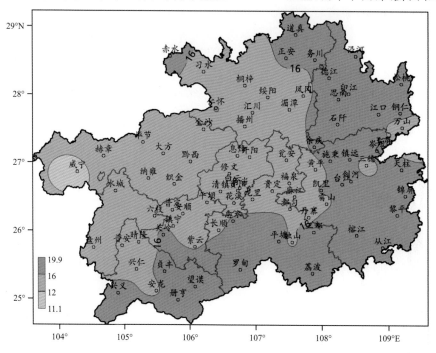

图 2.1　1991—2020 年贵州平均气温分布(单位:℃)

则相对较少,降水量在 1000 mm 以下(图 2.2)。贵州的常年平均日照时数为 1155.3 h,从全省的常年日照时数分布来看(图 2.3),除北部和东部局地日照时数低于 1000 h 外,其余地区均超过 1000 h,其中西部边缘地区日照时数超过 1400 h。

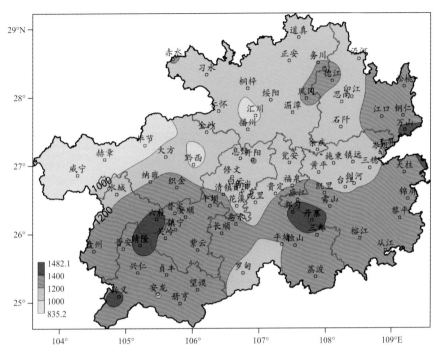

图 2.2　1991—2020 年贵州降水量分布(单位:mm)

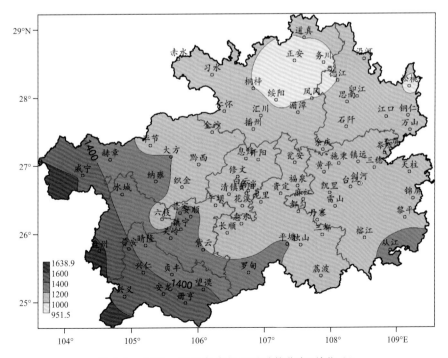

图 2.3　1991—2020 年贵州日照时数分布(单位:h)

贵州的气象灾害种类较多,常见灾害包括暴雨洪涝、冰雹、干旱、大风、雷电和低温冷害等(李迪 等,2020),其中暴雨洪涝是贵州主要的气象灾害之一,主要在5—9月发生,以6月发生的次数最多。大风灾害出现在3—9月,其中5月发生次数最多。冰雹灾害则主要出现在春季,夏、秋季很少。受地形环境、地理位置以及特殊的天气气候影响,贵州冬季还容易出现凝冻(冻雨)灾害(严小冬 等,2009;杜小玲 等,2010)。

2.2 气候变化监测评估

气候是人类赖以生存的自然环境,也是经济社会可持续发展的基础资源。受自然和人类活动的共同影响,全球正经历以变暖为主要特征的气候变化。图2.4为贵州1961—2020年平均气温历年变化,通过计算9 a滑动平均(红色虚线)可以看出,20世纪60年代末—90年代中期贵州平均气温变化平缓,20世纪90年代后期至今,气温出现了小的波动,但总体呈上升的趋势。从1961—2020年贵州平均降水量历年变化来看(图2.5),20世纪60年代末—80年代中期降水量变化平缓,处于多雨阶段。20世纪80年代后期至今,贵州降水量经历了两次较大的波动,其中20世纪90年代初和2013年处于波谷,21世纪初处于波峰,2013年之后呈明显的上升趋势。从1961—2020年贵州日照时数历年变化(图2.6)可以看出,20世纪60年代末—90年代后期,日照时数呈下降趋势,21世纪初起,日照时数变化趋势减缓。

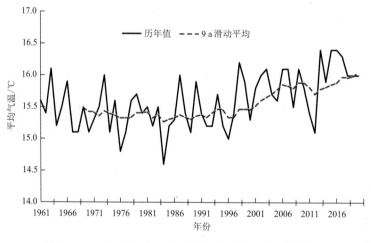

图2.4 1961—2020年贵州平均气温历年变化(单位:℃)

在全球气候变暖的背景下,极端天气气候事件也在逐渐加剧,对于农业、交通运输和人民的生命财产安全带来了严重影响。近年来,贵州省的洪涝和干旱等极端天气气候呈现出逐年增加的趋势,且波及的范围广、强度大。已有的研究表明(黄维 等,2017),贵州省每年发生极端降雨事件的次数呈增加趋势,降水强度呈增大的趋势;全省极端高温事件与极端干旱均表现出加重的趋势,东部地区高温日数较多。西部地区相对凉爽,但霜冻灾害较为严重,持续时间较长。

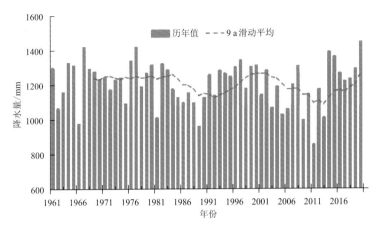

图 2.5 1961—2020 年贵州平均降水量历年变化(单位:mm)

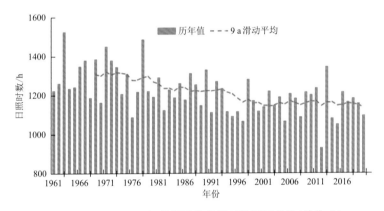

图 2.6 1961—2020 年贵州平均日照时数历年变化(单位:h)

2.3 本章小结

本章介绍了贵州的地理气候概况。

(1)针对气温、降水量和日照时数等气象要素的时空变化特征进行了阐述。贵州常年平均气温 15.8 ℃,东部、南部较高,西部相对较低。常年平均降水量 1209.1 mm,降水充沛、雨季明显。常年平均日照时数 1155.3 h,西部、西南部较高。

(2)对贵州出现的主要气象灾害以及极端天气气候事件变化的趋势进行了介绍。贵州省常见灾害包括暴雨洪涝、冰雹、干旱、大风、雷电和地温冷害。在全球变暖背景下,贵州极端降水强度呈增大趋势,极端高温及干旱呈加重趋势。

第3章
农田生态气象

3.1 贵州农业概况

3.1.1 资源特征

贵州位于云贵高原东部,地势西高东低,自中部向北、东、南三面倾斜,平均海拔1100 m左右。境内高原山地居多,地貌概括分高原山地、丘陵和盆地3种基本类型,其中92.5%的面积为山地和丘陵。全省坡度6°以下的500亩以上坝区1725个,面积488.6万亩。根据贵州第三次全国国土调查,贵州省耕地5208.93万亩、林地16815.16万亩、草地282.45万亩、湿地10.72万亩、城镇村及工矿用地1158.77万亩、交通运输用地496.45万亩、水域及水利设施用地383.11万亩。

贵州农业资源富集,属亚热带温湿季风气候区,冬无严寒、夏无酷暑,降水丰富、雨热同季,水热条件总体上对农业生产有利。各地年平均气温在10~20 ℃之间,年降水量在850~1600 mm之间,在秋收作物生长期(4—9月)太阳辐射较多,占全年辐射总量的60%~70%。复杂多样的生态环境,蕴藏着极为丰富的生物资源,生物多样性优势突出。栽培的粮食、油料、经济作物30多种,水果品种400余种,可食用的野生淀粉植物、油脂植物、维生素植物主要种类500多种,天然优良牧草260多种,畜禽品种37个,享誉国内外的"地道药材"32种。贵州是中国四大中药材产区之一,也是茶叶的原产地。同时,高海拔气候特征使贵州昼夜温差大,有利于农作物营养成分的积累。贵州境内河流纵横交错,森林植被覆盖率高,生态环境良好,耕地、水源和大气受工业及城市"三废"污染较少,具有发展生态畜牧业、蔬菜、茶叶、水果、马铃薯、中药材等特色产业的优势和潜力,正在成为全国重要的"菜篮子"产品生产基地。但存在两大限制因素:一是贵州山地多平地少,耕地质量总体较差,人均可利用土地资源总体较缺乏。耕地占土地总面积的25.52%,25°以上的坡耕地占耕地面积的47.4%;中低产田占80.7%;中下等地占81.96%;土地利用结构不尽合理,建设用地面积小,土地利用效率低,陡坡垦殖现象严重。二是水资源开发利用率低,工程性缺水突出。贵州水资源丰富,多年平均径流量1062亿 m³,水能资源蕴藏量居全国第六位,人均占有水资源量2824 m³。水资源时空分布不均,地表水年内洪枯明显,年季丰枯突出。水资源分布与土地资源、经济布局不相匹配,地表调蓄能力差,水利设施建设不足,水资源开发利用率低,工程性缺水突出。

3.1.2 农业发展格局

受自然地理条件的限制,贵州省农产品主产区主要呈块状分布,在农业生产条件较好、经济较集中、人口较密集的北部地区、东南部地区和西部地区,以国家粮食生产重点县和全省优势农产品生产县为主体,形成 5 个农业发展带。贵州省正在构建"五区十九带"为主体的农业战略格局,以基本农田为基础,以大中型灌区为支撑,以黔中丘原盆地都市农业区、黔北山原中山农-林-牧区、黔东低山丘陵林-农区、黔南丘原中山低山农-牧区、黔西高原山地农-牧区等农业生产区为主体,以主要农产品产业带、特色优势农产品生产基地为重要组成部分的农业产业战略格局(图 3.1)。全面提升农业发展水平,增强主要农产品供给能力,充分发挥各地优势,重点加强以水稻、玉米、油菜、蔬菜、马铃薯、畜产品为主的农产品产业带和烤烟、茶叶、木本粮油、经济林果、中药材等优势农林产品基地建设。黔中丘原盆地都市农业区重点建设优质水稻、油菜、马铃薯、蔬菜、畜产品产业带;黔北山原中山农-林-牧区重点建设优质水稻、油菜、蔬菜、畜产品产业带;黔东低山丘陵林-农区重点建设优质水稻、蔬菜、特色畜禽产业带;黔南丘原中山低山农-牧区重点建设优质玉米、蔬菜、肉羊产业带;黔西高原山地农-牧区重点建设优质玉米、马铃薯、蔬菜、畜产品产业带。具体如下。

——黔中丘原盆地都市农业区:包括贵阳市的开阳县,黔南州的长顺县、贵定县,安顺市的普定县,以及黔南州惠水县的 15 个乡镇、毕节市织金县的 20 个乡镇和黔西县的 17 个乡镇。区域国土面积占全省国家农产品主产区的 13.3%。该区域地处黔中城市圈,对优质农产品和农业生态功能、旅游休闲功能的需求规模大,农产品加工业发达,农产品商品化程度高,都市农业发展条件好。重点建设以优质籼稻为主的水稻产业带、以"双低"油菜为主的优质油菜产业带、以薯片薯条原料类加工型商品薯为主的马铃薯产业带、以夏秋反季节蔬菜为主的优质蔬菜产业带和以生猪、肉牛为主的优质畜产品产业带。

——黔北山原中山农-林-牧区:包括遵义市的桐梓县、绥阳县、正安县、道真仡佬族苗族自治县、务川仡佬族苗族自治县、凤冈县、湄潭县、余庆县、习水县、赤水市、仁怀市,毕节市的金沙县,铜仁市的思南县、德江县。区域国土面积占全省国家农产品主产区的 38.7%。该区域农业发展基础好,农业生产水平高,农产品加工业较为发达,是贵州粮食产能县的集中区域,主要粮油作物、特色农产品规模化、商品化程度较高。重点建设以优质籼稻为主的水稻产业带、以"双低"油菜为主的优质油菜产业带、以夏秋反季节蔬菜为主的冷凉蔬菜产业带和以生猪、肉羊为主的优质畜产品产业带。

——黔东低山丘陵林-农区:包括黔东南州的三穗县、镇远县、岑巩县、天柱县、黎平县、榕江县、从江县、丹寨县,铜仁市的玉屏县,以及铜仁市松桃苗族自治县的 17 个乡镇。区域国土面积占全省国家农产品主产区的 25%。该区域地处厦蓉高速公路、贵广快速铁路沿线,林业资源丰富,生态环境良好,水稻生产具有优势,特色农业产业发展具有一定基础。重点建设以优质籼稻为主的水稻产业带、以无公害绿色蔬菜为主的优质蔬菜产业带和以特色畜禽为主的优质畜产品产业带。

——黔南丘原中山低山农-牧区:包括黔西南州的普安县、晴隆县、贞丰县、安龙县,黔南州的独山县。区域国土面积占全省国家农产品主产区的 10.7%。该区域立体气候特征突出,特色农业资源丰富,优质肉羊、冬春反季节蔬菜等特色农产品生产具有良好基础。重点建设以优质专用玉米为主的玉米产业带、以冬春反季节蔬菜为主的优质蔬菜产业带和以肉羊为主的优质畜产品产业带。

——黔西高原山地农-牧区:包括六盘水市的六枝特区,毕节市的纳雍县、大方县,以及六盘水市盘县的 21 个乡镇。区域国土面积占全省国家农产品主产区的 12.3%。该区域地处贵州西部高原地带,土地资源、牧草资源丰富,成片草场和草山草坡面积大,适宜发展旱作农业、草地畜牧业以及夏秋反季节蔬菜、优质干果、小杂粮等特色农产品。重点建设以优质专用玉米为主的玉米产业带、以脱毒种薯和高淀粉类加工型商品薯为主的马铃薯产业带、以夏秋反季节蔬菜为主的冷凉蔬菜产业带和以生猪、肉牛、肉羊为主的优质畜产品产业带。

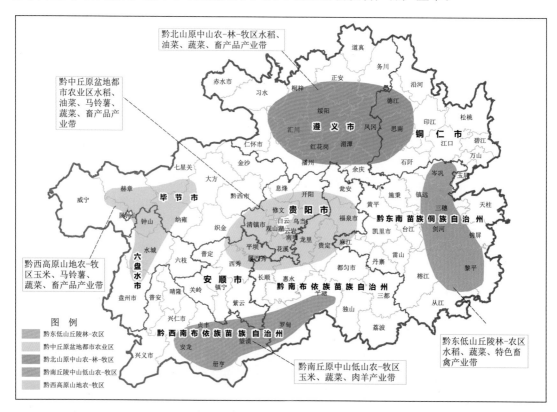

图3.1 贵州省农业产业战略格局示意图(贵州省人民政府,2013)

在重点建设优势农产品产业带的同时,充分发挥贵州特色农业资源优势,积极引导和支持其他特色优势农产品基地的建设。主要包括:黔北富硒(锌)优质绿茶、黔中高档名优绿茶、黔西"高山"有机绿茶和黔东优质出口绿茶生产基地;黔中、黔东、黔南精品水果基地;黔西、黔北、黔东、黔南优质干果基地;黔北、黔西、黔中、黔南中药材基地;黔北、黔西优质烤烟生产基地;黔东、黔中特色水产养殖基地;黔西、黔南、黔北特色优质小杂粮基地;黔东优质油茶基地;黔北、黔东林下经济产业基地等。

3.2 农田气候生产潜力评估

随着人口的增长、人均粮食消费量的增加、耕地面积的日益缩减以及气候变化和土壤侵蚀等环境问题的出现,粮食综合生产能力及地区人口承载力等问题日益引起人们的重视。了解一个地区目前及今后的作物综合生产能力,对评价该地区粮食的生产能力和人口承载能力,合理开发利用自然资源,进而指导农业生产具有重要的意义。如何最大限度地提高与利用作物生产力是亟待解决的任务。贵州的粮食增产原因主要有粮食播种面积增加和提高单位面积产量两个因素。虽然播种面积的增加对贵州粮食总产量增加功不可没,但由于耕地资源的有限性和目前开垦的成熟性,在现有条件下,不能仅仅依赖于播种面积的增加,只有在合理充分利用农业气候资源、推广科学适用技术、提高复种指数的基础上,最大限度地提高粮食单产才是将来农业生产发展的必由之路,今后粮食生产的任务还相当艰巨。

目前,我国粮食综合生产能力的评估方法可以概括为 3 大类:①基于植物生长机理的评估方法,该方法是以绿色植物光合作用理论为依据,光合作用是粮食综合生产能力形成的基础;②基于影响因素分析的评估方法,该评估方法的基本思路是以粮食产量作为粮食综合生产能力的表征量,运用定性和定量分析相结合的方法,对粮食综合生产能力进行影响因素的分析;③基于粮食产量趋势预测的评估方法,该方法同样是以粮食产量作为粮食综合生产能力的表征变量,运用回归分析方法对粮食产量时间序列数据进行分析,得到粮食总产量的趋势曲线及回归方程。本研究采用基于植物生长机理的评估方法从贵州省主要粮食品种光合生产潜力出发,对贵州省主要粮食品种综合生产能力进行测算与评估。

3.2.1 资料来源与测算方法

本研究所采用的日照时数、太阳总辐射资料、日平均温度、日最高温度、日最低温度以及降水量资料来源于贵州省气候中心,为 30 a 气候标准值,空间分布为贵州省 84 个气象台站。社会经济资料来源于贵州省第二次全国农业普查汇编资料、《贵州 60 年(1949—2009)》及《贵州统计年鉴》。

(1)作物光合生产潜力测算方法

光合生产潜力是在温度、水分、土壤、品种以及其他农业技术条件都处于最佳状况时,完全由光合有效辐射决定的生产潜力。本研究所采用的计算公式为:

$$Y_1 = Cf(Q) = K\Omega\varepsilon\varphi(1-\alpha)(1-\beta)(1-\rho)(1-\gamma)(1-\omega)(1-\eta)^{-1}(1-\delta)^{-1}sq^{-1}f(L)\sum Q_j$$

$$(3.1)$$

式中,Y_1 为光合生产潜力(kg/hm^2),C 为单位换算系数,Q 为太阳总辐射。$\sum Q_j$ 为作物生育期内的太阳总辐射(MJ/m^2),j 为发育阶段序号,K 为转换系数,经转换后 $K = 10000.5$,其他的参数意义及参考值见表 3.1。

表 3.1 光合生产潜力计算公式中参数的意义与取值

参数	参数的物理意义	水稻	玉米	小麦
Ω	作物光合固定 CO_2 的能力的比例	0.90	1.00	0.90
ε	光合有效辐射占总辐射的比例	0.49	0.49	0.49
φ	光量子转化效率	0.224	0.224	0.224
α	植物群体反射率	0.06	0.08	0.06
β	植物繁茂群体透射率	0.08	0.06	0.08
ρ	非光合器官截获的辐射比例	0.10	0.10	0.10
γ	超过光饱和点光的比例	0.05	0.01	0.05
ω	呼吸消耗占光合产物的比例	0.33	0.30	0.33
s	作物经济系数	0.45	0.40	0.45
$f(L)$	作物叶面积动态变化订正值	0.56	0.58	0.56
η	成熟谷物的含水率	0.14	0.15	0.15
δ	植物无机灰分含量比例	0.08	0.08	0.08
$q/(MJ/kg)$	单位干物质含热值	16.87	17.77	17.0

（2）作物光温生产潜力测算方法

本研究选用了联合国粮农组织（FAO）提供的生态区域法（AEZ），光温生产潜力（Y_t）为：

$$Y_t = Y_0 \times C_L \times C_N \times HI \times G \times A \tag{3.2}$$

式中，Y_0 为作物的总干物质产量（kg/(hm² · d)）；C_L 为叶面积订正系数；C_N 为净干物质生产订正系数；HI 收获部分订正系数；G 为作物生育期长度（d）；A 为单位换算系数。

主要包括以下几个步骤：①计算作物生物量（Y_0）；②作物种类与温度订正；③作物发育时间和叶面积订正（C_L）；④净干物质生产订正（C_N）；⑤收获部分订正（HI）。

（3）作物气候生产潜力测算方法

雨养条件下应用 AEZ 模式估算气候生产潜力的关键在于确定作物的水分需求和全生育期内的水分平衡状况。主要有下述几个步骤：①用彭曼法计算潜在蒸散量 ET_0；②计算作物需水量 T_m（mm/旬）；③计算播前土壤有效水分储量 S_a（mm）；④计算作物实际耗水量 T_a（mm/旬），从而求得各生育阶段产量降低百分率（Y_{ract}）为：

$$Y_{ract} = K_y(1 - T_a/T_m) \times 100\% \tag{3.3}$$

式中，K_y 是产量反应系数。

产量指数（I）为：第 n 生育阶段产量指数＝第（$n-1$）生育阶段产量降低率×（1－第 n 生育阶段产量降低率）。

则气候生产潜力（Y_w）为：

$$Y_w = 光温生产潜力（Y_t）\times 最终生育阶段产量指数 \tag{3.4}$$

（4）作物气候土地生产潜力测算方法

气候土地生产潜力一般是通过对气候生产潜力进行土壤订正而得。根据联合国粮农组织提供的数据，最好的土壤订正系数为 0.95，当土壤订正系数小于 0.5 时，表明该类型土壤不适宜种植某一作物。

根据贵州省农用地分等地图集（贵州省国土资源厅，2008）按土地自然生产力的大小来划分：土地自然生产潜力较小的 3～5 等农用地划分为下等地；自然生产潜力中等的 6～10 等农用地划分为中等地；自然生产潜力较大的 11～13 等农用地划分为上等地。

本研究结合贵州土壤的种类，将各类土壤订正系数与贵州土地自然生产力的大小相联系，并参考各土壤对作物生长的适宜性，自然生产潜力较大的上等地取土壤订正系数 0.90；自然生产潜力中等的中等地取土壤订正系数 0.80；自然生产潜力较小的下等地取土壤订正系数 0.70。

任一地区气候土地生产潜力（Y_s）的计算公式如下：

$$Y_s = Y_w \sum_{i=1}^{3} P_i \times S_i \tag{3.5}$$

式中，P_i 为第 i 级土地自然生产潜力占农用地面积的比例；S_i 为第 i 级土地自然生产潜力的订正系数。

3.2.2 光合生产潜力测算及空间分布

贵州省水稻、玉米生育期为 4—9 月，水稻、玉米生育期内的太阳总辐射 $\sum Q_j$ 取 4—9 月太阳总辐射总和；小麦生育期为 10 月—次年 5 月，小麦生育期内的太阳总辐射 $\sum Q_j$ 取 10

月—次年 5 月太阳总辐射总和。根据光合生产潜力测算方法计算出的贵州光合生产潜力。

光合生产潜力与现实生产力差距较大,其中水稻光合生产潜力为 19092~24100 kg/hm²;玉米光合生产潜力为 20414~25770 kg/hm²;小麦光合生产潜力为 14115~25120 kg/hm²。各种作物光合生产潜力均是西部、西南部最高,中部次之,其他地区较低。从全省范围来看,作物光合生产潜力玉米>水稻>小麦(表 3.2)。

表 3.2 贵州省各地区主要粮食作物光合生产潜力   单位:kg/hm²

作物	安顺	毕节	黔东南	贵阳	六盘水	黔南	铜仁	黔西南	遵义	全省
水稻	21316	22063	20291	21030	22462	20449	20212	22851	19913	20879
玉米	22793	23591	21697	22486	24017	21865	21612	24433	21293	22326
小麦	18938	19237	16369	17296	21243	17447	15308	21578	14867	17379

另外,主要粮食作物的光合生产潜力与年太阳辐射的地区分布趋势比较一致,呈现西高东低的总趋势(图 3.2)。

3.2.3 光温生产潜力测算及空间分布

根据作物光温生产潜力测算方法计算可知,贵州水稻光温生产潜力总趋势为西南部地区最高,为 17000~18600 kg/hm²,西北部地区最低,为 14000~15000 kg/hm²,其他地区由东南向西北递减,为 15000~17000 kg/hm²;玉米光温生产潜力是省的南部、西部最高(除威宁),为 18000~19830 kg/hm²,西北部高寒山区最低,为 13000~15000 kg/hm²,其他地区由东南向西北递减,为 16000~17000 kg/hm²;小麦光温生产潜力西部最高,为 7500~9242 kg/hm²,东北

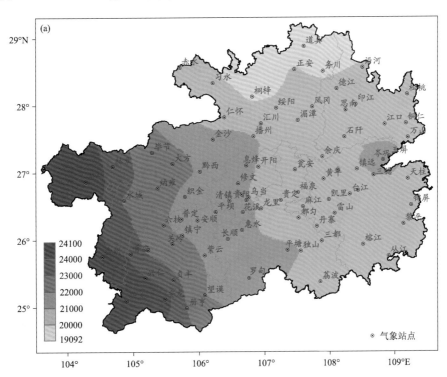

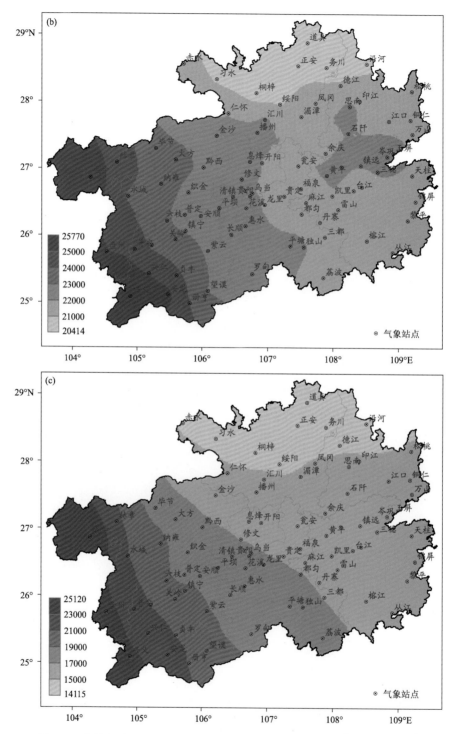

图 3.2　贵州水稻(a)、玉米(b)、小麦(c)光合生产潜力分布图(单位:kg/hm²)

部最低,为 6500～6800 kg/hm²,其他地区为 6800～7500 kg/hm²,总体趋势为由西向东递减(表 3.3,图 3.3)。

表 3.3　贵州省各地区主要粮食作物光温生产潜力　　　单位：kg/hm²

作物	安顺	毕节	黔东南	贵阳	六盘水	黔南	铜仁	黔西南	遵义	全省
水稻	15951	15638	16471	15288	16138	16249	16449	17278	15938	16190
玉米	17367	16422	17293	16673	17922	17371	17115	18611	16889	17232
小麦	9199	9773	8531	8384	10380	8683	8131	10045	7998	8785

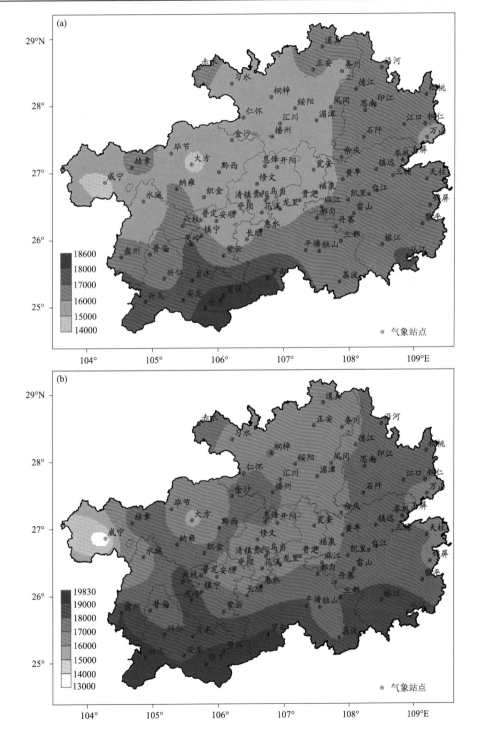

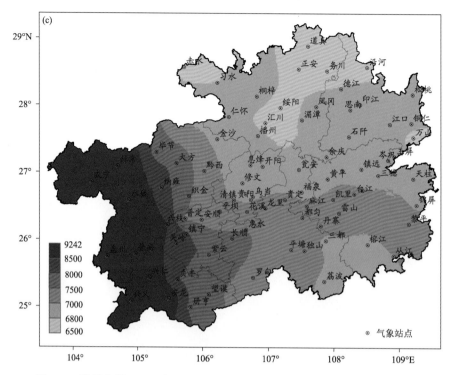

图3.3 贵州水稻(a)、玉米(b)、小麦(c)光温生产潜力分布图(单位:kg/hm²)

3.2.4 气候生产潜力测算及空间分布

根据计算可知,贵州水稻气候生产潜力总趋势为南部及东南部地区相对较高,为16000~17800 kg/hm²,西北部及东部部分地区相对较低,为13000~14000 kg/hm²,其他地区为14000~16000 kg/hm²;玉米气候生产潜力是省的南部、西南部相对较高,为17000~19000 kg/hm²,西北部及东部部分地区相对较低,为11000~13000 kg/hm²,其他地区为13000~17000 kg/hm²;小麦气候生产潜力西部六盘水、安顺一带及东部麻江、雷山到黎平一带相对较高,为7000~8100 kg/hm²,西北部及南部低热地区相对较低,为4500~5000 kg/hm²,其他地区为5000~7000 kg/hm²。贵州降水分布不均,地域差异大,计算出的作物气候生产潜力水平分布规律较差(表3.4,图3.4)。

表3.4 贵州省各地区主要粮食作物气候生产潜力 单位:kg/hm²

作物	安顺	毕节	黔东南	贵阳	六盘水	黔南	铜仁	黔西南	遵义	全省
水稻	15324	13854	15443	14750	15066	16073	15242	16273	14112	15143
玉米	17128	13201	15836	16076	16699	17183	15268	17952	14629	15871
小麦	7747	7289	8292	7420	8037	7694	8022	7597	7746	7797

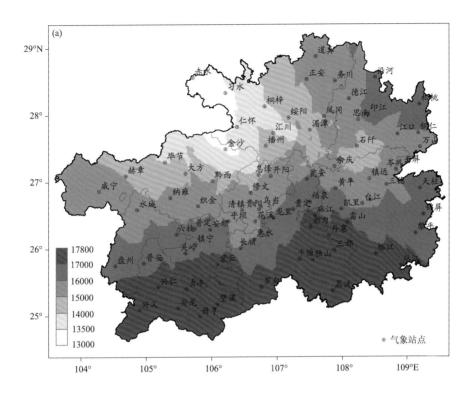

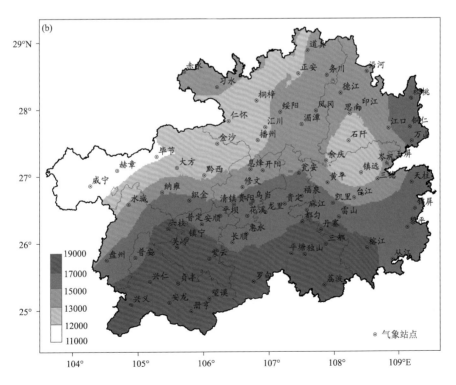

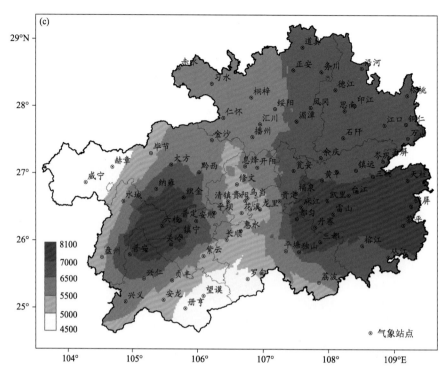

图 3.4　贵州水稻(a)、玉米(b)、小麦(c)气候生产潜力分布图(单位:kg/hm²)

3.2.5　气候土地生产潜力测算及空间分布

根据计算可知,贵州省水稻气候土地生产潜力相对较大的区域为黔南和黔西南,贵州省玉米气候土地生产潜力相对较大的区域为黔西南和安顺,贵州省小麦气候土地生产潜力相对较大的区域为黔东南和铜仁市,三类作物相对较低的区域均为毕节市。

贵州水稻气候土地生产潜力总趋势为南部及东南部地区相对较高,为 13000～14800 kg/hm²,西北部及北部部分地区相对较低,为 10000～11500 kg/hm²,其他地区为 11500～13000 kg/hm²;玉米气候生产潜力是省的南部、西南部相对较高为 14000～15800 kg/hm²,西北部及东部部分地区相对较低,为 11000～12000 kg/hm²,其他地区为 12000～14000 kg/hm²;小麦气候生产潜力西部六盘水、安顺一带及东部麻江、雷山一带相对较高,为 7000～8000 kg/hm²,西北部及南部低热地区相对较低,为 4500～5000 kg/hm²,其他地区为 5000～7000 kg/hm²(表 3.5,图 3.5)。

表 3.5　贵州省各地区主要粮食作物气候土地生产潜力　　　　　　　　　　单位:kg/hm²

作物	安顺	毕节	黔东南	贵阳	六盘水	黔南	铜仁	黔西南	遵义	全省
水稻	12328	10533	12541	11868	11702	12792	12660	12975	11485	12195
玉米	13780	10037	12860	12935	12970	13676	12682	14313	11906	12787
小麦	6233	5542	6734	5970	6242	6123	6663	6057	6304	6284

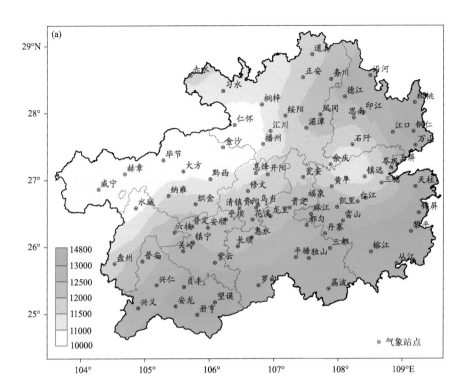

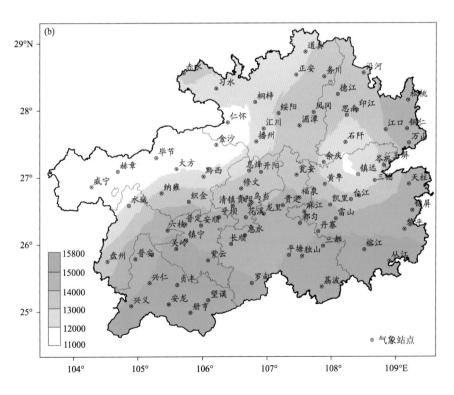

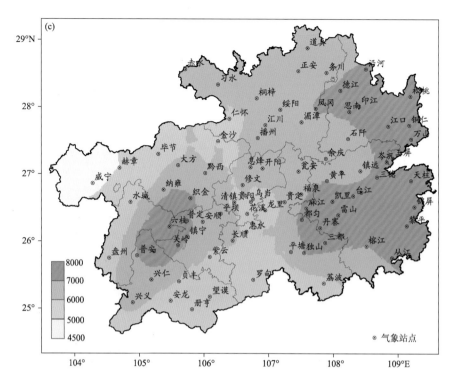

图 3.5　贵州水稻(a)、玉米(b)、小麦(c)气候土地生产潜力分布图(单位：kg/hm²)

3.2.6　主要粮食作物生产潜力指数分析

主要粮食作物生产潜力指数(P)计算公式可以定义为：

$$P = 1 - P_0/Y \tag{3.6}$$

式中，P_0为主要粮食作物现实单产(kg/hm²)，采用的是贵州省 2020 年各地区的主要粮食作物现实单产统计数据；Y 分别为光合生产潜力、光温生产潜力、气候生产潜力、气候土地生产潜力(kg/hm²)。

(1)光合生产潜力指数表征的是现实产量未实现的那部分光合生产潜力，值越大，表明作物对光能资源的利用程度越低，光能资源开发的潜力越大，如表 3.6 所示。

表 3.6　贵州省各地区光合生产潜力指数

作物	安顺	毕节	黔东南	贵阳	六盘水	黔南	铜仁	黔西南	遵义	全省
水稻	0.64	0.73	0.67	0.66	0.69	0.67	0.72	0.68	0.65	0.68
玉米	0.77	0.70	0.80	0.77	0.72	0.76	0.80	0.78	0.75	0.76
小麦	0.91	0.89	0.89	0.88	0.92	0.90	0.85	0.90	0.83	0.89

从地域上看，水稻光合生产潜力指数为 0.64~0.73，其中毕节市和铜仁市相对较高，分别为 0.73 和 0.72，其他地区相差不大，全省平均光合生产潜力指数为 0.68；

玉米光合生产潜力指数为 0.70~0.80，其中黔东南和铜仁市相对较高，均为 0.80，全省平均光合生产潜力指数为 0.76；

小麦光合生产潜力指数为 0.83~0.92,其中六盘水、安顺市相对较高,分别为 0.92 和 0.91,全省平均光合生产潜力指数为 0.89。

影响光合生产潜力指数的因素很多,如光合生产潜力、作物品种的改良等。总的来说,贵州光合生产潜力指数还很高,具有广阔的开发前景。不同作物也有明显的差别,可以看出,光合生产潜力指数小麦＞玉米＞水稻,这是由于贵州对水稻生产的投入较多,种植技术成熟,水稻单产较高的缘故。

(2)光温生产潜力指数表征的是现实产量未实现的那部分光温生产潜力。

从光温生产潜力指数分析可以看出(表 3.7),贵州未挖掘的光温生产潜力水稻为 0.52~0.66,相对较高的地区是铜仁市和毕节市分别为 0.66 和 0.62,全省平均光温生产潜力指数为 0.58;

玉米光温潜力指数为 0.57~0.75,相对较高的地区是黔东南和铜仁市,均为 0.75,全省平均光温生产潜力指数为 0.69;

小麦光温潜力指数为 0.68~0.84,相对较高的地区是六盘水和安顺市,分别为 0.84 和 0.81,全省平均光温生产潜力指数为 0.77。

表 3.7　贵州省各地区光温生产潜力指数

作物	安顺	毕节	黔东南	贵阳	六盘水	黔南	铜仁	黔西南	遵义	全省
水稻	0.52	0.62	0.59	0.53	0.57	0.59	0.66	0.58	0.57	0.58
玉米	0.70	0.57	0.75	0.69	0.62	0.70	0.75	0.71	0.69	0.69
小麦	0.81	0.79	0.78	0.75	0.84	0.80	0.71	0.80	0.68	0.77

从全省来看,作物光温生产潜力指数小麦＞玉米＞水稻。

(3)气候生产潜力指数表征的是现实产量未实现的那部分气候生产潜力。

从气候生产潜力指数分析可以看出(表 3.8),贵州未挖掘的气候生产潜力水稻为 0.50~0.63,相对较高的地区是铜仁市和毕节市,分别为 0.63 和 0.57,全省平均气候生产潜力指数为 0.55;

玉米气候生产潜力指数为 0.46~0.72,相对较高的地区是黔东南和铜仁市,均为 0.72,全省平均气候生产潜力指数为 0.66;

小麦气候生产潜力指数为 0.71~0.80,相对较高的地区是六盘水、黔南和黔东南,分别为 0.80、0.78 和 0.78,全省平均气候生产潜力指数为 0.74。

表 3.8　贵州各地区气候生产潜力指数

作物	安顺	毕节	黔东南	贵阳	六盘水	黔南	铜仁	黔西南	遵义	全省
水稻	0.50	0.57	0.56	0.52	0.54	0.58	0.63	0.55	0.51	0.55
玉米	0.69	0.46	0.72	0.68	0.59	0.70	0.72	0.70	0.64	0.66
小麦	0.77	0.71	0.78	0.72	0.80	0.78	0.71	0.73	0.67	0.74

从全省来看,作物气候生产潜力指数小麦＞玉米＞水稻。

(4)气候土地生产潜力指数(P_s)表征的是现实产量未实现的那部分气候土地生产潜力。

从气候土地生产潜力指数分析可以看出(表 3.9),贵州未挖掘的气候土地生产潜力水稻为 0.38~0.56,相对较高的地区是铜仁市和黔南地区,分别为 0.56 和 0.48,全省平均气候土地生产潜力指数为 0.44；

玉米气候土地生产潜力指数为 0.29～0.66，相对较高的地区是黔东南和铜仁市，均为 0.66，全省平均气候土地生产潜力指数为 0.57；

小麦气候土地生产潜力指数为 0.62～0.74，相对较高的地区是六盘水和黔东南地区，分别为 0.74 和 0.72，全省平均气候土地生产潜力指数为 0.67。

表 3.9　贵州各地区气候土地生产潜力指数

作物	安顺	毕节	黔东南	贵阳	六盘水	黔南	铜仁	黔西南	遵义	全省
水稻	0.38	0.44	0.46	0.40	0.41	0.48	0.56	0.44	0.40	0.44
玉米	0.62	0.29	0.66	0.60	0.47	0.62	0.66	0.63	0.55	0.57
小麦	0.71	0.62	0.72	0.65	0.74	0.72	0.65	0.66	0.59	0.67

从全省来看，作物气候土地生产潜力指数小麦＞玉米＞水稻。

根据贵州省 2020 年农作物生产统计资料，在现有农作物播种面积不变的情况下，贵州省水稻总产量还有 330 万 t 左右的气候土地生产潜力增产空间；贵州省玉米总产量还有 445 万 t 左右的气候土地生产潜力增产空间；贵州省小麦总产量还有 90 万 t 左右的气候土地生产潜力增产空间。

根据贵州省主要粮食作物生产潜力指数（P）计算可得，贵州省水稻光合生产潜力指数为 0.64～0.73，光温生产潜力指数为 0.52～0.66，气候生产潜力指数为 0.50～0.63，气候土地生产潜力指数为 0.38～0.56；玉米光合生产潜力指数为 0.70～0.80，光温生产潜力指数为 0.57～0.75，气候生产潜力指数为 0.46～0.72，气候土地生产潜力指数为 0.29～0.66；小麦光合生产潜力指数为 0.83～0.92，光温生产潜力指数为 0.68～0.81，气候生产潜力指数为 0.71～0.80，气候土地生产潜力指数为 0.62～0.74。贵州省主要粮食作物生产潜力还具有广阔的开发前景，采取科学途径可以提高贵州省主要粮食作物生产能力。

根据贵州省主要粮食作物生产潜力指数分析，贵州省主要粮食作物生产潜力还具有广阔的开发前景，采取科学途径可以实现或逼近粮食作物生产潜力，从而提高贵州省主要粮食作物生产能力。尽可能实现贵州省主要粮食作物气候土地生产潜力的主要途径：根据各地光、温、水、土等自然条件，因地制宜，做好粮食作物的农业区划；改革粮田种植制度，在光、热、水气候资源充足的地区实行粮食作物多熟制，提高复种指数；大力发展节水农业，充分利用水资源，促进粮食生产发展。加强自然灾害监测预警，建立自然灾害防御系统，增强粮食生产化解自然风险的能力，切实保障贵州省农业生态安全。

3.3　农业生态遥感监测

3.3.1　遥感监测方法

积极做好农业气象服务，开展农业灾害监测预警，识别农业灾害和发生过程，能够有效减少农业灾害损失，保障粮食安全，维护农业经济稳定发展（独文惠 等，2018）。贵州耕地面积少、土地破碎化严重，是典型的喀斯特地貌和石漠化严重地区，加上近年来城市化进程加快，耕地资源及质量面临严重的生态安全问题，加强农作物长势监测对农业发展具有重要意义。此外,国家经济结构调整,农村劳动力转移,导致秋收后大量土地闲置(王月星,2006),无形中浪费了光、热、水、土等资源。随着农业现代化发展,遥感技术在农业资源调查及动态监测方面具有广阔的应用前景。它可以充分利用地面作物所具有的光谱、时间、空间等特征信息,表征农作物长势,进而监测农业发展的时空动态变化。

归一化差分植被指数(Normalized Difference Vegetation Index,NDVI)是许多学者常用的监测植被生长、作物长势、反映植被质量的参数之一。虽然 NDVI 对土壤背景的变化较为敏感,但由于 NDVI 可以消除大部分与太阳角、地形、云阴影和大气条件有关辐照度的变化,增强了对植被的响应能力,也是目前已有的 40 多种植被指数中应用最广的一种(李民赞,2016)。在遥感影像中,NDVI 即近红外波段的反射值与红光波段的反射值之差比上两者之和,可通过美国航天局 NASA 网站下载 MODIS(Moderate-Resolution Imaging Spectroradiometer)产品获得,其中 MOD13Q1,全称为 MODIS/Terra Vegetation Indices 16-Day L3 Global 250 m。MOD13Q1 产品提供的归一化差分植被指数作为 3 级网格数据产品,具有 250 m 的空间分辨率,每隔 16 d 提供一次。由于 NDVI 为负值表示地面覆盖为云、水、雪等对可见光高反射,0 表示有岩石或裸土等,因此,将值小于 0 的值统一赋值为 0,其余值乘以 0.0001 使 NDVI 值标准化为 0～1 之间。

土地利用数据为 2020 年全球 30 m 精细地表覆盖产品(GLC_FCS30—2020)。水田是指用以种植水稻、莲藕等水生农作物的耕地,包括实行水稻和旱地作物轮种的耕地。旱地指无灌溉水源及设施,靠自然降水生长作物的耕地。本节以铜仁市为例,全市拥有土地总面积 18003 km²,在总面积中有耕地 4658.89 km²,占土地总面积 25.88%,西部耕地多于东部(图 3.6)。将处理后的 NDVI 影像与土地利用数据进行重采样,并提取耕地上的 NDVI 值,便可得到长时间序列的耕地 NDVI 变化趋势。

3.3.2 耕地 NDVI 变化趋势

由图 3.7 可知,铜仁市农作物 NDVI 低谷期主要在 11 月下旬—次年 3 月中下旬(时序 321～081)。11 月秋季收割完毕以后,根据作物生长发育情况,如果种植越冬作物,那么 NDVI 会缓慢升高;如果上茬作物收获后,正常气候条件下耕地空闲 30 d 以上,即 NDVI 连续 30 d 以上保持不变或有所下降,则认为该区域为冬季闲置耕地。由此,如果某一栅格连续 30 d 以上 NDVI 值低于阈值,则认为该格点为闲田(李光一 等,2022)。由于 NDVI 影像为 16 d 一期,故根据参与运算的期数可进一步换算出冬季耕地闲置的时间范围。

3.3.3 耕地闲置时间变化

冬季耕地闲置时间可分为 5 个时段,即 32～48 d、48～64 d、64～80 d、80～96 d 以及 96 d 以上(表 3.10)。铜仁市耕地总面积 4810.89 km²,冬季闲置时间主要为 32～48 d。2018—2019 年闲置耕地高达 276.25 km²,2021—2022 年冬季(截至 2022 年 1 月 25 日)共监测到闲置耕地 4.57 km²,闲置 96 d 以上的耕地每年均不足 3 km²。2018—2019 年虽冬季闲置耕地较多,但闲置情况相对较轻,主要在 48 d 以内。2017—2018 年冬季闲置耕地虽不是最多,但部分耕地闲置时间较长,闲置 64 d 以上的耕地共计 19.25 km²。

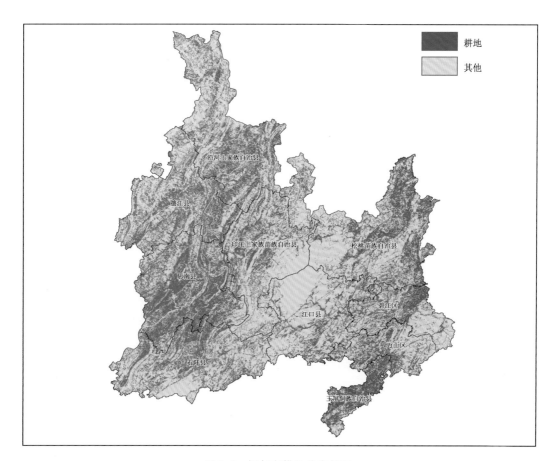

图 3.6　铜仁市耕地分布情况

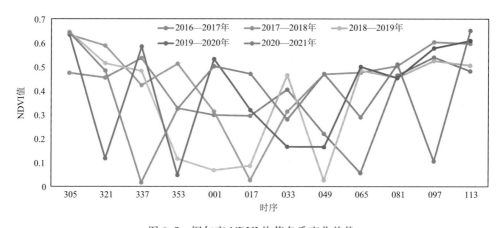

图 3.7　铜仁市 NDVI 均值冬季变化趋势

（305 为 11 月 1 日，113 为 4 月 7 日，时序 305～113 则表示 11 月—次年 4 月的 NDVI 影像期数，16 d 为一期）

表 3.10 2017—2022 年铜仁市冬季耕地闲置时间和面积统计

闲置时间/d	面积/km²				
	2017—2018 年	2018—2019 年	2019—2020 年	2020—2021 年	2021—2022 年
32~48	50.19	276.25	130.31	9.06	2.135
48~64	10.56	0.06	67.69	6.69	0.625
64~80	4.06	0	26.31	0	1.81
80~96	12.5	0	14.50	0.625	0
≥96	2.69	0	0	0.125	0
总计	80	276.31	238.81	16.5	4.57
占耕地总面积比/%	1.66	5.74	4.96	0.34	0.095

注:32~48 d 包括 32 d,不包括 48 d,其余时段依次类推。

3.3.4 耕地闲置空间变化

从图 3.8f 可以看出,近 5 a(2017—2022 年)铜仁冬季耕地闲置面积呈现先增再降的趋势。2017—2018 年冬季闲置耕地面积达 80 km²,占全市耕地的 1.66%,主要集中在铜仁市沿河县北部、思南县东南部以及石阡县西部等局地(图 3.8a)。2018—2019 年,铜仁市耕地闲置面积为近 5 a 最大值,即 276.31 km²,占耕地总面积的 5.74%,市南部以及西南部地区耕地闲置情况较为严重,特别是思南县东部、玉屏县等地闲置耕地较多,主要闲置时间为 32~48 d,但沿河县有所减少(图 3.8b)。2019—2020 年,全市闲置耕地面积较上一年减少 13.6%,以玉屏县最为明显,但北部地区闲置耕地面积又稍有增加,且部分耕地闲置时间较长,达 80 d 以上,主要受 2020 年 1 月疫情影响,村落封路、封村等措施导致许多租用土地的生产资料受到交通管制,不少地区生产性服务被迫停止,使得种植户无法顺利开展农事工作,闲置时间增加(图 3.8c)。2020—2021 年,虽仍然存在部分闲置时间较长的耕地,但在政府政策指导下,相比上年同期耕地闲置情况有所好转,闲置面积减少至 16.5 km²,玉屏、沿河、思南等地区土地利用率得到大幅提高(图 3.8d)。2021 年 12 月,各县市为盘活闲置土地,在多部门的指导下带领农户因地制宜种植冬季特色作物,截至 2022 年 1 月 25 日共监测到闲置耕地仅 4.57 km²,较 2020—2021 年同期减少了 72.3%(图 3.8e)。

3.4 主要农业气象灾害风险评估

贵州省属亚热带湿润季风气候,四季分明,冬无严寒,夏无酷暑,无霜期长,雨量充沛,多云寡照,湿度较大,立体气候明显,所谓"一山有四季,十里不同天",适宜多种植物生长。对于贵州工农业生产尤其是农业生产而言,既存在可以充分利用的丰富多样的立体气候资源,又存在起制约作用的诸多自然灾害。贵州自然灾害多发,其中气象灾害给国民经济建设造成的损失占各种自然灾害损失的 80% 以上,每年由于气象灾害造成的经济损失占生产总值的 4%~7%,高于全国平均水平。贵州省常见气象灾害有以下几类:春旱、夏旱、倒春寒、秋风、雨淞、秋季绵雨、暴雨等。由于气象条件的诱发有着密切关系的次生灾害,包括泥石流、滑坡、崩塌、水土流失、农作物病虫害、森林病虫害、酸雨、森林火灾等其他灾害。可谓无灾不成年,对工农业

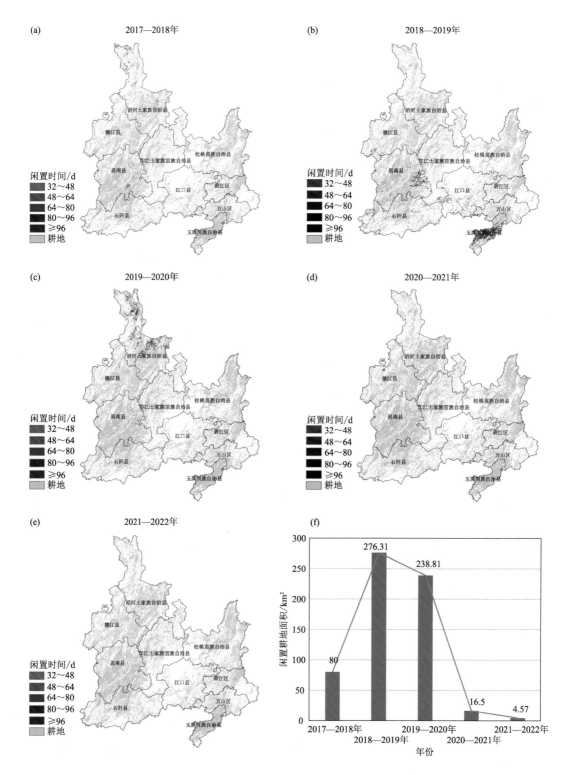

图 3.8 2017—2022 年铜仁市冬季闲田空间分布

生产、交通运输及人民生命财产都会造成极大损失,严重影响贵州经济社会的进一步发展。据研究,预计到 2030 年,贵州全省平均气温可能上升 1.6～2.0 ℃,极端天气气候事件发生的频率将进一步增大(吴战平 等,2007)。研究贵州省主要农业气象灾害风险评估及贵州复杂山地环境下农业气象灾害风险区划,结合农业气象灾害脆弱性研究与灾害风险管理技术,是减轻或避免灾害带来的损失、加快农业生产发展需要解决的重要课题。

3.4.1 贵州省农业气象灾害风险评估

传统上,计算农业气象灾害发生概率主要用发生频率来代替,而信息扩散方法是利用信息分配法把每一个知识样本点变成模糊集,并把其携带的信息分配给样本中每一个点的一种优化处理样本资料方法,它为优化处理气象灾害风险提供了一个重要途径(黄崇福,2005)。在灾害的风险定量分析中,一般将灾害风险定义为概率(或频率)乘以强度,而并未考虑其概率的分布规律及不确定性。为此,本研究拟基于信息扩散理论的风险分析方法和概率与信息论理论对贵州省农业气象灾害进行风险评估。

3.4.1.1 贵州省农业气象灾害定义与分级标准

本研究所采用的气温与降水数据来源于贵州省气候中心,时间序列为从建站年份到 2017 年,空间分布为贵州省 84 个气象台站。利用该时间序列数据可以对贵州省每个县每年的农业气象灾害指数进行计算和划分等级。农业气象灾害定义以及指数计算公式与等级划分标准均参照《贵州短期气候预测技术》(李玉柱 等,2001)。

两旱的定义与划分标准相对较复杂,其中包含了入旱日与终止日两个概念。在符合春旱入旱日起连续 9 d 的累计降水量<15.0 mm 的条件下,再从春旱入旱日起连续≥10 d 的累计降水量与同期多年平均降水量的比值,3 月份<0.60 的时段或 4—5 月份<0.50 的时段定义为春旱时段。为了分析评价年度春旱强度,提出了一个综合考虑了最长春旱日数、春旱总日数和 4—5 月降水量等因素的量化值称为春旱强度指数(简称为春旱指数);同样在符合夏旱入旱日起连续 9 d 累计降水量<30.0 mm 的条件下,再从夏旱入旱日起连续≥15 d 的累计降水量与同期多年平均降水量的比值,6—7 月份<0.50 的时段或 8 月份<0.60 的时段定义为夏旱时段,夏旱指数是一个综合考虑了年最长夏旱日数、夏旱总日数和夏季降水量等多种因素的用以衡量当年夏旱轻重的量化值。

贵州省的低温冷害主要有两种:一是指春季回暖以后,受强冷空气影响,出现持续的低温阴雨天气一般称为"倒春寒",每年 3 月 21 日—4 月 30 日,凡出现日平均气温≤10.0 ℃,并持续≥3 d 的时段(其中第 4 天开始,允许有间隔一天的日均温≤10.5 ℃),定义为倒春寒天气过程;二是 8 月上旬—9 月上旬出现的低温阴雨天气,凡出现日平均气温≤20.0 ℃(西北部地区海拔 1500 m 的测站,日平均气温≤18.0 ℃),并持续 2 d 或以上的时段(从第 3 天起,允许有间隔一天的日平均气温≤20.5 ℃,海拔 1500 m 以上的测站,允许有间隔一天的日平均气温≤18.5 ℃),定义为秋风天气过程。

贵州省每年在 9 月 1 日—11 月 30 日期间,凡出现日降水量≥0.1 mm,持续时间达 5 d 或以上的时段(其中从第 6 天起,允许有间隔 1 d 无降水量),定义为秋季绵雨过程,或简称为秋季绵雨;按气象常规标准确定暴雨等级,即 24 h 内降水量 50.0～99.9 mm 称为暴雨,100.0～249.9 mm 称为大暴雨,≥250.0 mm 称为特大暴雨,贵州省每年 5—10 月是暴雨的主要发生季节,其中以夏季 6—8 月的暴雨发生次数最多,强度最大,并易形成洪涝灾害。

贵州省雨凇天气过程是指每年 12 月 1 日—次年 2 月 28 日期间,凡日平均气温≤1.0 ℃、日最低气温≤0.0 ℃以及日降水量≥0.1 mm 三者同日出现,持续≥3 d(其中第 4 天起允许间隔一天的日最低气温为 0.1～0.5 ℃或无雨)且至少有一天出现雨凇天气现象的时段,定义为一次雨凇天气过程;冬季低温指数与雨凇指数略有不同,只考虑了低温而不考虑降水。

根据农业气象灾害指数计算公式,利用气象台站逐日气象资料,可以分别计算贵州省 84 个县历年的农业气象灾害指数。

贵州省主要气象灾害指数分级标准如表 3.11 所示。

表 3.11　贵州省农业气象灾害指数强度分级界值(李玉柱 等,2001)

灾害等级	春旱	倒春寒	夏旱	暴雨	秋风	秋季绵雨	雨凇	冬季低温
特重	>197	>157	>214	>119	>112	>254	>230	>123
重	161～197	115～157	171～214	93～119	88～112	222～254	171～230	93～123
中	117～160	63～114	118～170	61～92	59～87	181～221	99～170	61～92
轻	86～116	33～62	88～117	42～60	41～58	158～180	58～98	40～60
无	<86	<33	<88	<42	<41	<158	<58	<40

3.4.1.2　贵州省农业气象灾害风险评估

(1)单种农业气象灾害风险评估

在某一区域内研究农业气象灾害风险,由于部分站点发生灾害资料年限少,存在统计信息不足的缺点,利用通常的频率统计或概率分布统计分析,结果可能会受到局限。信息扩散是为了弥补信息不足而考虑(黄崇福,2005),优化利用样本模糊信息的一种对样本进行集值化的模糊数学处理方法,该方法可以将一个有观测值的样本变成一个模糊集,即单值样本变成集值样本。

信息扩散遵守信息量守恒的原则,即在一维条件下,当扩散区间为 $[a,b)$,若信息点 x_i 扩散到论域 U 的信息量为 $f(x_i,U)$ 每个信息点扩散出的信息量总和为 1,即:

$$\int_a^b f(x_i,U) = 1 \tag{3.7}$$

利用模糊数学中有关信息扩散的理论,可以将某种气象灾害样本的资料一个单值信息扩散到所设定的指标论域中所有的点,从而获得较好的风险分析效果。

设计算所得到的 m 年的某种农业气象灾害指数样本集合为:

$$R = \{r_1, r_1, \cdots, r_m\} \tag{3.8}$$

根据某种气象灾害指数的范围可以设定灾害风险因素指标论域为:

$$U = \{u_1, u_2, \cdots, u_n\} \tag{3.9}$$

则可以计算出对应指标论域的灾害风险指数论域为:

$$P = \{p(u_1), p(u_1), \cdots, p(u_n)\} \tag{3.10}$$

利用信息扩散对样本进行集值化的模糊数学处理方法,一个单值观测样本 r_i 可以将其所携带的信息扩散给 U 中的所有点,常采用的模型是正态扩散模型、三角扩散函数、二次扩散函数。陈志芬(2006)通过 C 语言编程,利用仿真数据进行检验,结果显示基于正态扩散的模型已经非常稳定:

$$f_j(u_i) = \frac{1}{\eta\sqrt{2\pi}}\exp\left[-\frac{(r_j - u_i)}{2\eta^2}\right] \qquad (i = 1,2,\cdots,n;j = 1,2,\cdots,m) \qquad (3.11)$$

式中，η 为扩散系数，可以根据样本集合 R 中样本的最大值、最小值和样本数 m 确定：

$$\eta = \begin{cases} 0.8146(r_{\max} - r_{\min}) & m = 5 \\ 0.5690(r_{\max} - r_{\min}) & m = 6 \\ 0.4560(r_{\max} - r_{\min}) & m = 7 \\ 0.3860(r_{\max} - r_{\min}) & m = 8 \\ 0.3362(r_{\max} - r_{\min}) & m = 9 \\ 0.2986(r_{\max} - r_{\min}) & m = 10 \\ 2.6851(r_{\max} - r_{\min})/(m - 1) & m \geqslant 10 \end{cases} \qquad (3.12)$$

为了在隶属函数中各集值样本的地位均相同，可令：

$$S_j = \sum_{i=1}^{n} f_i(u_i) \qquad (j = 1,2,\cdots,m) \qquad (3.13)$$

则相应的模糊子集的隶属函数为：

$$\delta_{r_j}(u_i) = \frac{f_j(u_i)}{S_j} \qquad (i = 1,2,\cdots,n;j = 1,2,\cdots,m) \qquad (3.14)$$

式中，δ_{r_j} 称为样本 r_j 的归一化信息分布。对 $\delta_{r_j}(u_i)$ 进行处理，可以得到一种效果较好的风险分析结果。令：

$$q(u_i) = \sum_{j=1}^{m} \delta_{r_j}(u_i) \qquad (3.15)$$

其中物理意义可理解为：由 $R = \{r_1,r_1,\cdots,r_m\}$ 经信息扩散推断出，如果某种气象灾害指数只能取 $U = \{u_1,u_2,\cdots,u_n\}$ 中的一个，那么在将 $r_j(j = 1,2,\cdots,m)$ 均看作是样本代表的时候，观测值为 u_i 的样本个数为 $q(u_i)$ 个。再令：

$$p(u_i) = \frac{q(u_i)}{\sum_{i=1}^{m} q(u_i)} \qquad (3.16)$$

式中，$p(u_i)$ 就是样本落在 u_i 处的频率值，可以作为概率的估计值，其中 $\sum_{i=1}^{m} q(u_i)$ 为各 u_i 点上的样本数总和。显然，超越 u_i 的概率值可以记为：

$$P(u_i) = \sum_{k=i}^{n} p(u_k) \qquad (3.17)$$

因此，$P(u_i)$ 是所要求的某种气象灾害的超越概率，显然，对于某种气象灾害指数强度分级界值确定相应的 k 值，从而得到某种气象灾害不同等级发生的风险估计值，并可以制作不同等级气象灾害发生的超越概率图。

为了更充分利用信息扩散带来的信息，可令：

$$T_w = p(u_i) \times \boldsymbol{U}^\mathrm{T} \qquad (3.18)$$

从而得到单种农业气象灾害风险评估值 T_w。

根据以上农业气象灾害风险评估模型的分析，首先，利用 47 a 时间序列历年气候资料与农业气象灾害指数求算公式，分别计算贵州省 87 个县站每年度农业气象灾害指数。从而得到各站点年序列的农业气象灾害指数样本集合表示如下：

$$R = \{r_1, r_2, \cdots, r_{47}\} \tag{3.19}$$

根据农业气象灾害指数的范围与强度划分标准,衡量考虑计算精度和计算复杂度的要求,以 5 为间距,可以设定灾害风险因素指标离散论域为:

$$U = \{0, 5, 10, 15, \cdots, 300\} \tag{3.20}$$

分别求得各个县站的不同指标论域概率的估计值 $p(u_i)$,$i = 61$,再求得超越概率 $P(u_i)$。根据农业气象灾害指数灾害等级划分标准,可以求得到不同等级轻、中、重、特重灾害的超越概率 $P(u_{轻})$、$P(u_{中})$、$P(u_{重})$、$P(u_{特重})$。

(2)农业气象灾害综合风险评估

贵州省农业气象灾害种类繁多,为了以县为单位对贵州省农业气象灾害进行综合评价,在单种灾害风险评价的基础上,必须对不同灾害风险赋予不同权重 w_i。由于不同地区主要气象灾害不尽相同,因此,进行综合评价前需要对不同地域灾害类型进行考虑。首先利用各县八种主要灾害的不同等级轻、中、重、特重灾害的超越概率值 $P(u_{轻})$、$P(u_{中})$、$P(u_{重})$、$P(u_{特重})$共 32 个指标进行模糊聚类分析,将不同灾害区域进行聚类区划。利用聚类分析结果,以不同聚类区域为研究对象对不同灾害 T_w 与 H_w 赋权值,这样才能体现出不同区域主要农业气象灾害的差异。

同时采用灰色关联分析法建立贵州省农业气象灾害综合评估模型。灰色关联分析是一种多因素统计分析方法,它是以各因素的样本数据为依据,用灰色关联度来描述因素间关系的强弱、大小和次序的。与传统的多因素分析方法(相关、回归等)相比,灰色关联分析对数据要求较低且计算量小,便于广泛应用。首先对原始资料的均值化分析处理得无量纲矩阵,确定序列矩阵,把灾害最大理想样本作为系统特征序列可表示为:

$$\boldsymbol{X}_0 = [x_0(k)] \quad (k = 1, 2, \cdots, j) \tag{3.21}$$

式中,j 为不同聚类区域所有县站数目,求 X_0 与春旱、夏旱、暴雨、秋风、雨凇、倒春寒、秋季绵雨、冬季低温灾害风险评估值 T_w 及不确定性 H_w 的灰色关联度,气象灾害序列矩阵可表示为:

$$\boldsymbol{X}_i = [x_i(k)] \quad (k = 1, 2, \cdots, j, i = 1, 2, \cdots, 16) \tag{3.22}$$

求两级数列的绝对差值矩阵:

$$\boldsymbol{\Delta}_i(k) = [|x_0(k) - x_i(k)|] \tag{3.23}$$

同时找出差值矩阵中的最大数(最大差)与最小数(最小差)用 $\boldsymbol{\Delta}_{\max}$ 和 $\boldsymbol{\Delta}_{\min}$ 表示。计算气象灾害序列矩阵与系统特征序列关联系数,关联系数的计算公式为:

$$\boldsymbol{\xi}_i(k) = \frac{\boldsymbol{\Delta}_{\min} + \rho \boldsymbol{\Delta}_{\max}}{\boldsymbol{\Delta}_i(k) + \rho \boldsymbol{\Delta}_{\max}} \tag{3.24}$$

式中,ρ 为分辨系数,$\rho \in [0, 1]$,通常取 $\rho = 0.5$,可得关联系数矩阵。利用所得关联系数矩阵计算每种气象灾害关联度:

$$r_i = \frac{1}{j} \sum_{k=1}^{j} \boldsymbol{\xi}_i(k) \tag{3.25}$$

根据关联度 r_i,可计算出第 i 个影响因子的权重,也就是每种灾害评价指标的权重 w_i:

$$w_i = \frac{r_i}{\sum\limits_{i=1}^{16} r_i} \tag{3.26}$$

将贵州省 8 类主要气象灾害风险估计值 T_w 及不确定性 H_w 的影响权重 w_i 与其相对应的灾害风险估计值 T_w 及不确定性 H_w 乘积进行累加,由此建立贵州省综合气象灾害风险评价模型如下：

$$H = \sum_{i=1}^{16} x_i(k) \times w_i \qquad (3.27)$$

根据以上分析，利用各县八种主要灾害的不同等级轻、中、重、特重灾害的超越概率值 $P(u_{轻})$、$P(u_{中})$、$P(u_{重})$、$P(u_{特重})$ 共 32 个指标进行模糊聚类分析，根据聚类分析结果，人为将贵州省划分为五类灾害地域类型，结果见图 3.9。

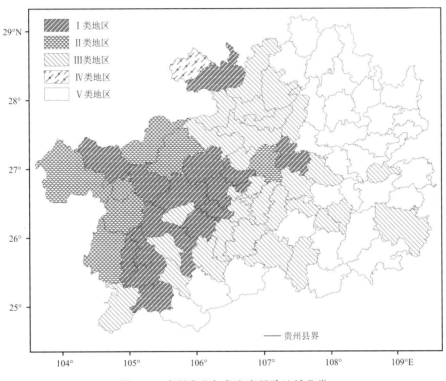

图 3.9　贵州农业气象灾害风险地域分类

再由灰色关联分析求得不同类型灾害风险地域每种农业气象灾害风险估计值 T_w 的关联度 r_i，结果见表 3.12。

表 3.12　不同地域类型农业气象灾害风险关联度 r_i

地域类型	春旱	夏旱	秋风	秋季绵雨	倒春寒	雨淞	冬季低温	暴雨
I 类	0.816	0.751	0.770	0.814	0.786	0.766	0.811	0.736
II 类	0.829	0.816	0.867	0.879	0.886	0.880	0.836	0.789
III 类	0.857	0.878	0.789	0.821	0.840	0.804	0.882	0.836
IV 类	0.710	0.846	0.643	1.000	0.635	0.635	0.635	0.772
V 类	0.833	0.886	0.698	0.718	0.722	0.704	0.809	0.868

由图 3.9 与表 3.12 可知，不同地域类型的农业气象灾害的关联度 r_i 不同，其中关联度越大的灾害说明在该区域内属于主要灾害类型，因此，该五类灾害风险区域的主要灾害风险类型分别为：I 类地区为春旱、秋季绵雨灾害为主要类型的区域；II 类地区为倒春寒、雨淞、秋风灾

害为主要类型的区域;Ⅲ类地区为冬季低温、夏旱灾害为主要类型的区域;Ⅳ类地区为秋季绵雨、夏旱灾害为主要类型的区域;Ⅴ类地区为夏旱、暴雨灾害为主要类型的区域。

以不同聚类区域为研究对象对不同灾害风险评估值 T_w 与灾害不确定性值 H_w 赋权值,首先利用灰色关联分析法求得灰色关联度 r_i,再利用式(3.26)求得每种灾害评价指标的权重 W_i 和 W_j,如表 3.13 和表 3.14 所示。

表 3.13 不同地域类型农业气象灾害风险评估值权重 W_i

地域类型	春旱	夏旱	秋风	秋季绵雨	倒春寒	雨凇	冬季低温	暴雨
Ⅰ类	0.131	0.120	0.123	0.130	0.126	0.123	0.130	0.118
Ⅱ类	0.122	0.120	0.128	0.130	0.131	0.130	0.123	0.116
Ⅲ类	0.128	0.131	0.118	0.122	0.125	0.120	0.131	0.125
Ⅳ类	0.121	0.144	0.109	0.170	0.108	0.108	0.108	0.131
Ⅴ类	0.134	0.142	0.112	0.115	0.116	0.113	0.130	0.139

表 3.14 不同地域类型农业气象灾害不确定性风险值权重 W_j

地域类型	春旱	夏旱	秋风	秋季绵雨	倒春寒	雨凇	冬季低温	暴雨
Ⅰ类	0.129	0.126	0.126	0.129	0.124	0.124	0.122	0.121
Ⅱ类	0.127	0.126	0.125	0.126	0.128	0.125	0.121	0.120
Ⅲ类	0.129	0.129	0.118	0.132	0.124	0.123	0.122	0.123
Ⅳ类	0.137	0.141	0.110	0.143	0.110	0.111	0.120	0.128
Ⅴ类	0.131	0.134	0.112	0.135	0.121	0.118	0.122	0.127

根据贵州综合农业气象灾害风险评价模型计算贵州各县的农业气象灾害风险 H,并根据 H 数值大小利用 GIS(地理信息系统)空间分析,制作综合农业气象灾害风险等级区划图(图3.10)。

参照《贵州短期气候预测技术》(李玉柱,2001)农业气象灾害划分标准,可以将贵州省农业气象灾害综合风险划分为 5 个等级,分别为低风险区、较低风险区、中等风险区、较高风险区、高风险区。经分析可以得贵州省综合农业气象灾害风险分布的总体趋势为从西北部向东部递减,其中毕节市与六盘水地区以及黔中部分地区为农业气象灾害致灾因子高风险区和较高风险区,黔南、黔东南以及铜仁部分地区、赤水为农业气象灾害致灾因子低风险区。

3.4.2 贵州省农业气象灾害风险空间区划

目前对于气象灾害风险区划研究,许多是根据气象灾害的形成因素,将孕灾环境敏感性或稳定性、致灾因子危险性或风险性、承灾体易损性或脆弱性以及防灾抗灾能力或恢复力等孤立的考虑,然后再借助专家打分法与 GIS 空间叠置方法,将敏感性分布图、危险性分区图、易损性分区图和防灾减灾能力分区图进行图层叠加、斑块合并以及等级划分等操作,实现灾害的风险评估及其区划。

由于灾害风险的各种形成因素都是相互结合构成一个完整的系统,因此很难完全孤立地去研究,例如,承灾体脆弱性与防灾抗灾恢复力、孕灾环境稳定性与致灾因子危险性等,它们之

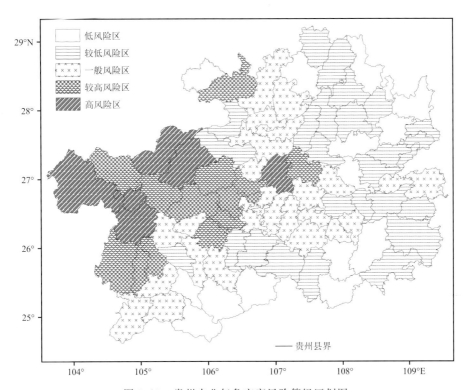

图 3.10　贵州农业气象灾害风险等级区划图

间的概念并没有明显的界限也没有明显正反关系,在许多研究中所利用到的评价指标都是相互交叉的。根据史培军等(2005)区域灾害系统的结构与功能体系,致灾因子(H)与承灾体(S)都是包含在孕灾环境(E)之中。在风险区划的空间尺度上,由于气象站点的离散分布,许多研究都以行政县域为区划尺度。特别是在复杂山地环境下,这样大尺度的区划不利于具体指导防灾减灾。因此本研究拟采用系统的观点,综合研究宏观和微观环境因素以及农业气候资源环境,在这一系统的孕灾环境背景下去实现农业气象灾害风险区划。

3.4.2.1　贵州农业气象灾害风险空间区划模型

(1)主要孕灾环境因素选取

农业气象灾害孕灾环境指孕育气象灾害的自然环境,如气候因子、地形因子、植被因子等。贵州省特殊的山地环境,山地的影响对气象灾害分布起了非常大的作用。由于在贵州省气候环境区划中都已经考虑了地理海拔高程、地形开阔度、地形坡度与坡向,可以通过气候背景间接地被引入到农业气象灾害风险区划中。本研究对由贵州省不同气象灾害采用的主要孕灾环境因子如下。

秋风主要是由于8月上旬到9月上旬的气候阴冷所导致,因此其孕灾环境因子主要考虑8月和9月气候平均气温、最低气温、平均相对湿度、日照时数;

雨凇主要是由于12月—次年2月平均气温与日最低气温过低以及伴随微量降水量所导致,因此其孕灾环境因子主要考虑12月、1月和2月的气候平均气温、最低气温、相对湿度和降水日数;

冬季低温主要是由于 12 月—次年 2 月平均气温与日最低气温过低,因此主要考虑 12 月—次年 1 月的气候平均气温、最低气温;

倒春寒主要是由于 3 月下旬到 4 月份下旬日平均气温过低所致,因此其孕灾环境因子主要考虑 3 月和 4 月气候平均气温、最低气温;

春旱主要是由于 3—5 月的降水量以及 ≥10.0 mm 雨日数偏少而引起,因此其孕灾环境因子主要考虑 3 月、4 月、5 月气候平均降水量和 ≥10.0 mm 降水日数;

夏旱主要是由于 6—8 月的降水量以及 ≥10.0 mm 雨日数偏少而引起,因此其孕灾环境因子主要考虑 6 月、7 月、8 月气候平均降水量和 ≥10.0 mm 降水日数;

秋季绵雨主要是由于 9—11 月期间降水日数持续时间长,因此其孕灾环境因子主要考虑 9 月、10 月、11 月气候平均降水日数和平均相对湿度;

贵州省每年 6—8 月是暴雨的主要发生季节,由于暴雨发生的次数与降水量偏多所引起,因此其孕灾环境因子主要考虑 6 月、7 月、8 月气候平均降水量和 ≥50.0 mm 降水日数。

(2)风险区划空间化模型构建

局部薄盘光滑样条(Partial Thin Platesmoothing Splines)对薄盘光滑样条原型进行了扩展,它除普通的样条自变量外允许引入其他因子作为协变量处理。本研究提出在对气象灾害风险进行空间区划时,采用局部薄盘光滑样条函数插值法,将气象灾害对应的主要孕灾环境因子在同一系统中考虑,用数学模型模拟孕灾害环境因素与气象灾害风险的定量关系,进而推知无观测地方的气候状况,实现气象灾害风险空间分布网格化,从而实现气象灾害风险区划。

ANUSPLIN 软件包的目标是应用薄盘光滑样条函数为嘈杂的多变量数据进行透彻分析和插值提供便利。软件包通过提供综合统计分析、数据诊断和空间分布的标准误差实现。另外,还提供了灵活的数据输入和表面审查程序。ANUSPLIN 软件能够支持输入数据的多种格式变换,可提供一系列用于判别误差来源和插值质量的统计参数和输出文件。统计参数有观测数据平均值、方差、标准差、拟合曲面参数的有效数量估计(Signal,又称信号自由度)、剩余自由度(Error)、光滑参数(RHO)、广义交叉验证(GCV)和期望真实均方误差(MSE)、最大似然估计(GML)、均方残差(MSR)、方差估计(VAR)及其平方根;统计结果还给出了具有最大剩余残差(Root Mean Square Residual)的数据点序列,用以检验并消除原始数据在位置和数值上的错误。输出文件有光滑参数(RHO)、拟合数据误差列表文件(贝叶斯标准误差、模型误差和置信区间)、曲面拟合系数的协方差矩阵及拟合曲面和误差表面。Signal 指示了拟合曲面的复杂程度,RHO 平衡了拟合曲面的精确度与平滑度,RHO 过小和 Signal 大于观测站点的一半或者 RHO 过大,都预示着拟合过程找不到最优光滑参数,说明数据点可能过于稀疏、数据存在短相关或拟合函数太过复杂,因此所选模型不适合用于曲面插值,这些情况在 ANUSPLIN 中会以"*"符号标出。在按月进行曲面拟合时,Signal 的值应有平稳的月间过渡,明显地背离过渡趋势意味着该月插值曲面可能存在系统误差,它可用于数据的初步检验,通常表示数据中含有缺失数据(阎洪,2004)。最佳模型判断标准有 GCV 或 GML 最小、信噪比 SNR(信号自由度与剩余自由度之比)最小,剩余自由度大于站点的一半,模型成功率判断中无"*"号指示。

在大多数情况下,模型选择以样条次数为 3 次的局部薄盘光滑样条函数模型为最佳(刘志红 等,2008)。根据贵州省以及不同气候要素具体情况,试验中采用了局部薄盘样条函数的多个模型(变量、协变量和样条次数多种组合),以及数据转换方式选取,通过统计参数比较,依据最佳模型判断标准,初步选出每个农业气象灾害风险空间区划的最优待用模。经过分析对比,选择出不同农业气象灾害风险空间区划的相对最佳模型,如表 3.15。

表 3.15　不同农业气象灾害风险空间区划模型

农业气象灾害风险	独立变量	独立协变量	样条次数/次
秋风	经度、纬度	8 月和 9 月气候平均气温、最低气温、相对湿度、日照时数	3
雨凇	经度、纬度	12 月、1 月和 2 月的气候平均气温、最低气温、相对湿度和雨日数	3
冬季低温	经度、纬度	12 月到 1 月的气候平均气温、最低气温	3
倒春寒	经度、纬度	3 月和 4 月气候平均气温、最低气温	3
春旱	经度、纬度	3 月、4 月、5 月气候平均降水量和 $\geqslant 10.0$ mm 降水日数	2
夏旱	经度、纬度	6 月、7 月、8 月气候平均降水量和 $\geqslant 10.0$ mm 降水日数	2
秋季绵雨	经度、纬度	9 月、10 月、11 月 $\geqslant 0.1$ mm 降水日数和平均相对湿度	3
暴雨	经度、纬度	6 月、7 月、8 月气候平均降水量和 $\geqslant 50$ mm 降水日数	3

3.4.2.2　贵州省主要农业气象灾害风险区划

(1)贵州省秋风、倒春寒风险区划

由于贵州省地形复杂,倒春寒和秋风的灾害风险分布都相对比较零散,分布规律大体上均从省内西部地区向东部、南部地区逐渐减轻,省内西北部地区为灾害高风险区域,省内东部和南部的河谷地区为灾害低风险区域。

由图 3.11 可知贵州秋风风险的地区分布特点是:除西部有成片的高秋风风险区外,黔北的习水、黔中部分地区、铜仁梵净山和黔东南的雷公山一带为几个分散的相对秋风高风险区,风险评估值为 120 以上;一般风险区主要分布在贵州中部、黔西南西部及遵义北部地区,风险评估值为 80~120;低风险区主要分布在贵州的东部、南部及东北部地区,风险评估值为 80 以下。

由图 3.12 可知贵州倒春寒风险的地区分布特点是:高风险区域主要分布在省的西北部,毕节市大部及六盘水北部,零散地分布在东北、东部地区大娄山、梵净山及雷公山高海拔区域,风险评估值为 150 以上;一般风险区域主要零散地分布在贵州中部以及东部部分区域,风险评估值为 110~150;低风险区域主要分布在贵州南部南北盘江及北部赤水河流域,风险评估值为 110 以下。

(2)贵州省雨凇、冬季低温风险区划

从贵州省雨凇风险区划图(图 3.13)来看,贵州西部毕节市与六盘水地区大部以及雷山、梵净山海拔较高地区为雨凇高风险区域,风险评估值为 230 以上;贵州中部的开阳-瓮安-贵定一带,东部的三穗、万山,北部的习水为雨凇较高风险区域,风险评估值为 155~230;贵州黔东南南部地区、黔南地区大部及贵州北部乌江、赤水河谷地区为雨凇低风险区,风险评估值为 90~155;其他地区为雨凇一般风险区,风险评估值为 90 以下。

由于冬季低温是雨凇的主要形成因素,因此,根据贵州省冬季低温风险区划图(图 3.14)可知,冬季低温风险空间分布与雨凇风险的空间分布基本相同。

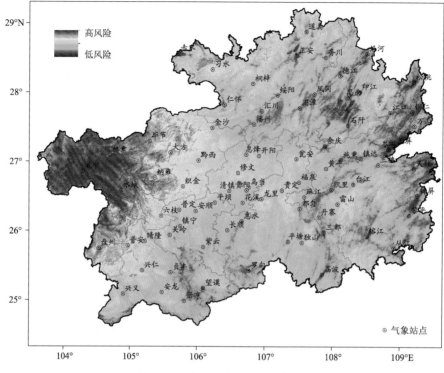

图 3.11　贵州省秋风风险区划图

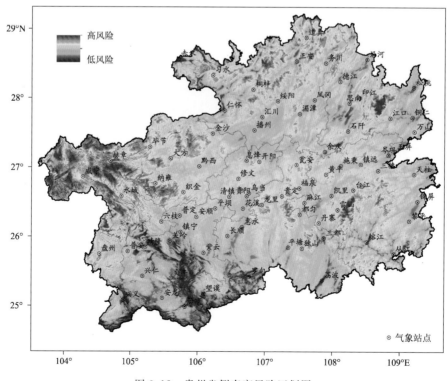

图 3.12　贵州省倒春寒风险区划图

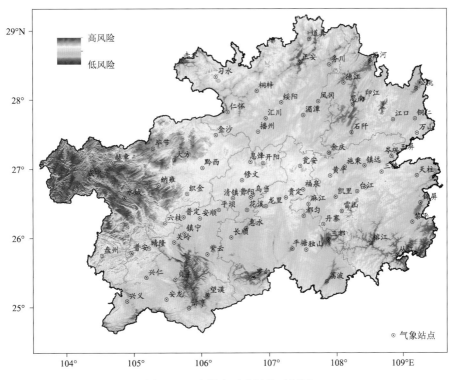

图 3.13　贵州省雨淞风险区划图

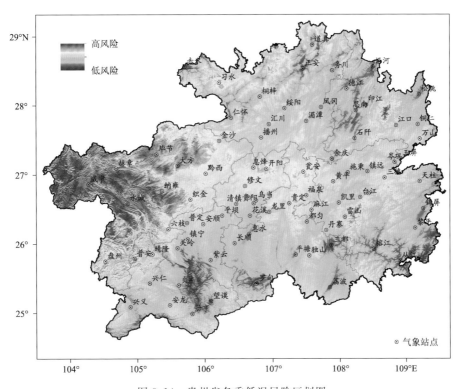

图 3.14　贵州省冬季低温风险区划图

(3)贵州省春旱、夏旱风险区划

贵州省的旱灾有季节性和区域性的分布规律,季节性干旱分为春旱和夏旱。由图3.15可知春旱有从东到西灾害风险逐渐加大的分布规律特点。贵州省春旱相对高风险区域主要包括黔西南州、黔南州西南部、六盘水市、安顺市西南部和毕节市西部,风险评估值为160以上;一般风险区主要包括毕节市东部、安顺市东北部、贵阳市西北部和黔南州大部,风险评估值为110~160;较轻风险区主要包括遵义市大部、铜仁市西部、黔南州东部和黔西南州南部,风险评估值为80~110;轻度风险区主要包括铜仁市东部和黔东南州大部,风险评估值为80以下。

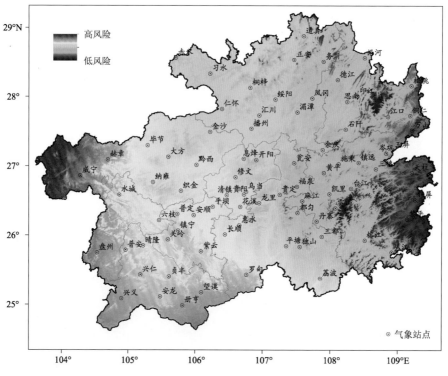

图3.15　贵州省春旱风险区划图

由图3.16可知夏旱风险与春旱风险相反,则有从贵州省东部向西逐渐减小的地区分布规律和水平地带的连续性和成片分布的特点,常年一般在贵州省东部地区出现成片的夏旱。贵州省夏旱相对高风险区域主要包括铜仁市、黔东南州和遵义市南部,风险评估值为180以上;一般风险区主要包括遵义市南部、贵阳市大部、黔南北部和黔东南西部,风险评估值为120~180;较轻风险区主要包括毕节、安顺、黔南州地区的大部,风险评估值为90~120;轻度风险区主要包括六盘水市、黔西南州、毕节市西南部和安顺市西南部,风险评估值为90以下。

(4)贵州省秋季绵雨、暴雨风险区划

由贵州省秋季绵雨风险区划图3.17可知,贵州省秋季绵雨风险有自西北和东北部向东部和东南部递减的分布规律。高风险区主要分布在兴义-晴隆-六枝-织金-金沙-习水一线以西,风险评估值为220以上;一般风险区主要分布在贵州中部、遵义东南部及黔南大部,风险评估值为150~220;低风险区主要在铜仁及黔东南大部分地区,风险评估值为150以下。

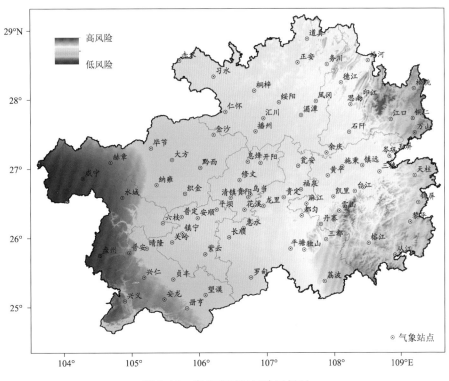

图 3.16　贵州省夏旱风险区划图

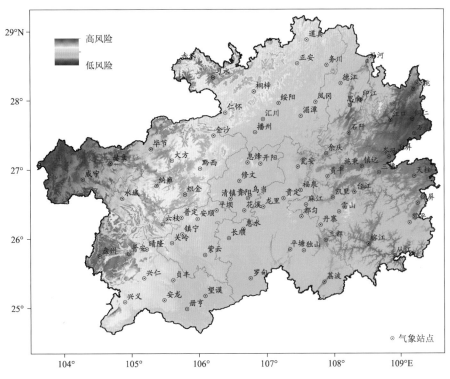

图 3.17　贵州省秋季绵雨风险区划图

由贵州省暴雨风险区划图(图3.18)可知,全省范围内存在四个较集中的暴雨高风险区。范围最大、风险最大的一个暴雨高风险区位于贵州省西南部,暴雨中心在六枝、晴隆一带;另外两个暴雨高风险区出现在黔西南州和黔东南州南部,暴雨中心分别在册亨和榕江附近;第四个暴雨高风险区出现在贵州东北部,包括大娄山东段余脉的东南侧与梵净山之间,与铜仁市北部的松桃多暴雨区相通,形成东西向带状暴雨区。暴雨一般风险区主要在贵州中部以及东南部;暴雨低风险区主要在毕节市以及遵义地区中部。

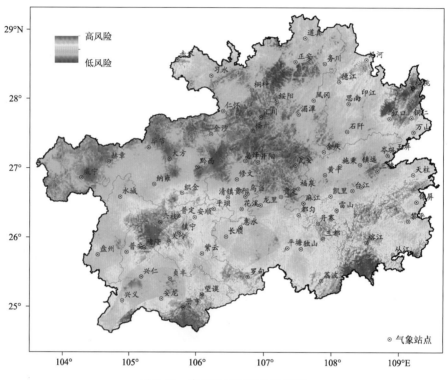

图3.18 贵州省暴雨风险区划图

3.4.3 贵州省农业气象灾害脆弱性研究

对于生态安全来说,生态脆弱性评价应该说是生态安全的核心,通过脆弱性分析与评价,就能够积极有效地保障生态安全。生态安全的科学本质是进行脆弱性分析与评价,利用各种手段不断改善脆弱性,从而适应全球变化,防御自然灾害,调控自身的行为以维护自身的安全,降低灾害风险(崔胜辉 等,2005)。

3.4.3.1 评价指标体系与资料处理

(1)评价指标体系建立

目前国内外生态评价的模型框架通常有联合国经济合作发展组织(OECD)提出来的PSR模型(压力-状态-响应)、DSR模型(驱动力-状态-响应)以及欧洲环境署(EFA)提出的DPSIR模型(驱动力-压力-状态-影响-响应)等模型(Niemeijer et al.,2008;韩宇平 等,2003)。这些模型都是以因果关系为基础的生态评价模型。PSR模型(Pressure-State-Response Model)是1994年联合国经济合作发展组织(OECD)提出来的。P指人类活动引起的资源环境及社会的压力因素;S 指资源环境及社会经济当前所处的状态或趋势;R 指人类在环境、社会经济活动中主观能动性的反映,资源的部分可恢复性以及环境本身对不利条件的吸纳能力。目前,肖笃宁等(2002)依据 PSR 模型已建立了巢湖流域生态安全评价指标体系。该指标体系包含 29 个指标,其中"压力"指标 10 个,"状态"指标 12 个,"响应"指标 7 个,涵盖了自然资源、生态环境和社会经济的各个方面,具有很强的代表性和普遍的适用性。

本研究根据指标选择的科学性、系统全面性、相对独立性、可行性、可操作性、可比性和针对性等原则,在查阅有关研究成果(赵延治 等,2006;倪研贤,2007;耿海波 等,2008)及征求专家意见的基础上,采用 PSR 模型框架,以农业生态系统压力、农业生态系统状态和恢复能力三方面作为项目层,根据贵州省区域特点分别建立相对应的因素层与指标层,从而得到贵州省农业生态安全评价指标体系(表 3.16)。

①压力指标

贵州地处西南地区喀斯特生态脆弱区域中心,自然生态环境相对恶劣,农业人口密度相对较大,区域贫困发生率相对较高,人地矛盾相对较突出,因此,农业生态系统压力项目层主要考虑了自然压力、人口压力、土地压力。

区域内脆弱的生态系统对农业生态安全造成的自然压力是不可忽视的,因此,本研究采用喀斯特面积比、石漠化指数、平均海拔高程、>25°坡面比、自然灾害受灾率几个非常关键且被广泛关注的指标作为衡量自然压力因素层的指标层。喀斯特面积比可以衡量区域内喀斯特面积比例,在喀斯特分布广泛的区域土壤稀薄难以耕种;石漠化指数综合考虑区域内轻度石漠化面积、中度石漠化面积、强度石漠化面积、极强度石漠化面积,可客观地衡量区域内石漠化强度与比例;贵州处于云贵高原东斜坡地带,在高海拔区域由于气候条件的限制对农业生态的压力自然相对较大;对于>25°坡面比,贵州 92.5% 的面积为山地和丘陵,是全国唯一没有平原支撑的内陆高原山区省份,25°以上的地进行农业生产,因坡度较大,经过雨水冲刷容易脱离地表,造成水土流失;自然灾害受灾率是采用粮食受灾面积比上粮食种植面积,可以非常客观地反映发生的自然灾害对粮食作物生产造成的压力。

人口密度特别是农业人口密度以及农村贫困发生率对区域内农业生态安全构成的压力同样不容忽视的。据 2005 年《贵州统计年鉴》统计,贵州区域内人口密度为 222 人/km²,农村人口密度为 189.8 人/km²,远高于全国人口密度和农村人口密度;农村贫困发生率达到 8.3%,远高于全国农村贫困发生率。因此,在人口压力因素层主要考虑了人口密度、农业人口密度、农村贫困发生率三个指标。

土地压力因素层主要考虑了土地垦殖率、人均耕地比两个指标。这两个指标分别是耕地面积与区域面积和人口数量比值,能够非常客观地评价农业生态风险的暴露性,同时也从另一方面衡量了区域内农业生态安全的土地压力。

②状态指标

农业生态状态项目层主要包括了自然状态与农业状态两个因素层。

自然状态因素层包含的内容较多,根据可操作性原则选取了植被净初级生产力(Net Primary Productivity,NPP)与归一化差分植被指数作为衡量自然状态的两个关键指标层。植被净初级生产力是绿色植物通过光合作用从大气中固定 CO_2 的速率减去通过呼吸作用向大气中释放 CO_2 的速率,是绿色植物在单位时间、单位面积内固定的干物质总重量,是评价生态系统状况的重要指标。归一化差分植被指数与植被覆盖度呈显著正相关,可以很好地反映区域自然状态,并且可以通过遥感监测方法获取。

农业状态因素层主要包括农民人均纯收入、人均粮食产量、农业总产值,这三个指标都能很好地反映贵州省一定时期内农业人均收入情况与人均粮食产量状况,以及农业生产总规模和总成果。

③恢复能力指标

农业生态恢复力项目层包括了三方面的因素层,社会生产力、投入能力以及农业生态自身的稳定性。

社会生产力因素层的大小可以有效地保证农业生态安全以及受灾害后的恢复,主要采用人均地方财政收入、人均GDP、第一产业增加值、GDP年平均增长率。人均财政收入是以货币来度量的,从这个意义上理解,财政收入又表现为一定的货币资金,即政府为履行其职能的需要而筹集的一切货币资金的总和。GDP是按市场价格计算的国内生产总值的简称,是指一个国家(或地区)所有常驻单位在一定时期内生产活动的最终成果。财政收入与GDP虽然存在着一定的相关性,但是两个指标的关系是复杂的,因此将两者都考虑作为社会生产力的指标层。第一产业增加值可以认为是农业现价总产值扣除农业现价中间投入后的余额,用来反映社会生产力对农业的影响,同时还考虑了GDP年平均增长率作为一动态指标来衡量社会生产力的发展。

投入能力因素层可以有效地反映应对农业自然灾害的能力,从而促进农业生态安全。其指标层主要包括固定资产投资、人均财政支出、有效灌溉率。固定资产投资是建造和购置固定资产的经济活动,固定资产再生产过程包括固定资产更新、改建、扩建、新建等活动。地方财政支出主要包括地方行政管理和各项事业费,地方统筹的基本建设、技术改造支出,支援农村生产支出,城市维护和建设经费,价格补贴支出等。以上两个指标都可以从不同角度衡量社会的投入能力,由于旱灾是主要的农业自然灾害,因此有效灌溉率同样也作为重要的投入能力指标。

稳定性因素层主要考虑了自然灾害成灾率/受灾率、自然灾害成灾率,这两个指标都从成灾结果的角度考虑了农业生态系统对自然灾害造成受灾面积的响应能力。

(2)资料处理

根据以上分析,本研究以贵州省各县(市、区)为单位进行空间评价,自然因素数据(平均海拔高程、>25°坡面比等)通过ArcGIS9.2对贵州地区1:25万数字高程模型进行空间分析与统计提取。

EMI为生态气象监测评价指数子模型,所构建的生态气象监测评估模型,可以为生态环境进行宏观、动态的监测与评估。计算的生态气象优劣评价指数,以气象条件为主要驱动因子,既有良好的理论基础和科技含量,也有较好的实用性和时空分辨能力,计算公式为:

$$EMI = \frac{NPP - \overline{NPP}}{\overline{NPP}} \times 100 \tag{3.28}$$

式中,$\overline{NPP}$为植被净第一性生产力的历年平均值,本研究中所采用的为1961—2000年历年平均值。为防止特殊年份而产生的不准确评价,评价指标中的EMI采用了2000—2005年平均值。其中贵州省植被净初级生产力由AVIM 2模型计算所得(黄玫,2005;谷晓平 等,2007)。植被净第一性生产力是指绿色植物在单位时间内所累积的有机物数量(Liu et al.,1999),直接反映了植被群落在自然环境条件下的生产能力,表征陆地生态系统的质量状况。

归一化差分植被指数数据采用从 EOS 数据门户网站(EOS Data Gateway)下载获取的 MOD13Q1 的产品统计分析获取。植被指数数据应该满足如下条件:①研究区植被覆盖最好时期的数据;②尽可能与现有的石漠化数据出于同一时期;③数据获取期间天气状况良好、无云或少云。综合上述要求和研究区植被生长状况,首先采用 MODIS Land Data Operational Product Evaluation (LDOPE)Tools 提取源数据质量可接受的区域和陆地区域,分别以此区域作为掩膜对原图像进行 mask 处理,提取陆地地区植被指数质量可靠的区域,生成新的影像。然后对此影像在遥感处理软件 ENVI 中进行拼接、坐标转化、数据初处理、数据格式转化等处理。在 ERDAS IMAGING 软件中采用"Zone attributs"功能对研究区各县的植被指数数据进行统计分析,其中忽略数值为 0 的区域,计算各县的植被指数平均值。

全省各县石漠化分类统计数据来源于贵州喀斯特石漠化的遥感-GIS 调查数据(2000 年)(熊康宁 等,2002),石漠化指数计算方法采用文献(廖赤眉 等,2006)中的公式:

$$\mathrm{RD} = \mathrm{RD}_1 + \mathrm{RD}_2 \times 1.5 + \mathrm{RD}_3 \times 2 \tag{3.29}$$

式中,RD_1、RD_2、RD_3 分别为轻度石漠化、中度石漠化、强度石漠化的比例。

社会经济数据(农业人口密度、农民人均纯收入、人均 GDP 等)来自《贵州统计年鉴》(2001—2006),为了更加准确地反映各县的社会经济状况,防止特殊年份而产生的不准确评价,因此采用了 2000 —2005 年平均值。

自然灾害受灾面积与成灾害面积数据来源于《贵州民政统计年鉴》(1950—2005),分别求得多年(1950—2005)自然灾害受灾率与成灾率。

不同的指标对农业生态安全性的影响大小不尽相同,为了表明各指标影响生态安全指数的程度,需要进行量化。由于各项评价因素指标数据性质不同,具有不同的量纲,算法各异,为了同样用于评价计算,采用简便的极差标准方法对原始数据进行无量纲化。对指标越大越安全型评价可采用式(3.30)处理:

$$y(k,i,j) = [x(k,i,j) - x_{\min}(k,j)]/[x_{\max}(k,j) - x_{\min}(k,j)] \tag{3.30}$$

对指标越小越安全型评价可采用式(3.31)处理:

$$y(k,i,j) = [x_{\max}(k,j) - x(k,i,j)]/[x_{\max}(k,j) - x_{\min}(k,j)] \tag{3.31}$$

式中,k 为不同因素层,$j = 1 \sim n_k$ 为不同因素层的指标数,$i = 1 \sim n$ 为被评价的区域数目。

3.4.3.2 评价指标权重确定

目前,对于确定指标的权重多采用客观赋值评价法,如信息熵权法(EW),或者主观赋值评价法,如层次分析评价法。由于这两种赋值方法各有优缺点,因此,本研究拟采用这两种权重赋值法分别对指标权重进行赋值,并根据最小相对熵原理进行组合赋值。

(1)信息熵权法

某项指标的指标值变异程度越大,信息熵越小,该指标提供的信息量越大,该指标的权重也应越大;反之,信息熵越大,该指标提供的信息量越小,该指标的权重也越小。所以,可以根据各项指标值的变异程度,利用信息熵这个工具,计算出各指标的权重,为多指标综合评价提供依据(郭显光,1998)。

首先,为了保持原始指标之间的比例关系,利用原始指标值经过下式转化为信息熵定义中的概率变量 $p(k,i,j)$:

$$p(k,i,j) = x(k,i,j) \Big/ \sum_{i=1}^{n} x(k,i,j) \tag{3.32}$$

再利用各评价指标的信息熵来度量信息量的大小：

$$e(k,j) = -\frac{1}{\ln n}\sum_{i=1}^{n}p(k,i,j)\ln p(k,i,j) \tag{3.33}$$

熵值 $e(k,j) \in [0,1]$ 越小，反映各区域在指标 j 上的取值差异越大，指标 j 传输的客观评价信息就越多，因此，可以计算各评价指标的客观权重：

$$w(k,j) = [1 - e(k,j)]\bigg/\sum_{j=1}^{n_k}[1 - e(k,j)] \tag{3.34}$$

（2）层次分析法

层次分析法自 20 世纪 80 年代初引入我国以来，国内有关学者对其做了很多改进和完善工作，并取得了一系列成果，这些成果主要集中在：标度及判断矩阵的构造，判断矩阵的调整及一致性检验方法，特征向量（权重）的求解，逆序问题及群决策问题等方面。本研究根据骆正清用保序性、一致性、标度均匀性、标度可记忆性、标度可感知性、标度权重拟合性等标准综合评价层次分析法中的不同标度，指出对精度要求较高的多准则下的排序问题，建议使用指数标度 $e^{0/5} \sim e^{8/5}$ 或 $e^{0/4} \sim e^{8/4}$（骆正清 等，2004）。因此，本研究拟采用 $e^{0/5} \sim e^{8/5}$ 标度法，征求专家意见对各评价指标进行打分，构建判断矩阵，并进行一致性检验与主观权重 $w_s(k,j)$ 的计算，若不能通过一致性检验则再根据专家意见进行判断矩阵的调整。

（3）组合评价

显然，各评价指标的组合权重 $w_c(k,j)$ 应与上述的客观权重和主观权重都应尽可能接近，根据最小相对熵原理有：

$$\min F = \sum_{j=1}^{n_k}w_c(k,j)[\ln w_c(k,j) - \ln w(k,j)] + \sum_{j=1}^{n_k}w_c(k,j)[\ln w_c(k,j) - \ln w_s(k,j)]$$

$$\text{s.t.}\ \sum_{j=1}^{n_k}w_c(k,j) = 1, w_c(k,j) > 0, j = 1 \sim n_k \tag{3.35}$$

用拉格朗日乘子法解上面的公式的优化问题，可得：

$$w_c(k,j) = \frac{[w(k,j)w_s(k,j)]^{0.5}}{\sum_{j=1}^{n_k}[w(k,j)w_s(k,j)]^{0.5}} \tag{3.36}$$

由此可得，所得组合权重 $w_c(k,j)$。

根据以上分析，所得客观权重 $w(k,j)$、主观权重 $w_s(k,j)$ 以及组合权重 $w_c(k,j)$ 结果如表 3.16。

贵州属于西南地区喀斯特生态脆弱带中心，在喀斯特地区土壤容量小且不连续，水土保持能力差，且容易产生石漠化荒漠景观，给农业生产带来了巨大的压力。区域内自然灾害频繁，两旱（春旱、夏旱）、两寒（倒春寒、秋风）、冰雹和病虫害对贵州农业生产产生了严重的危害，以及在山地环境下暴雨诱发的泥石流、山洪、积涝等都对农业生态安全产生了直接或间接的压力。因此，在农业生态压力中自然压力为最重要的因素层，在自然压力的指标层中喀斯特面积比以及自然灾害受灾率为最重要的两个指标层。

贵州位于云贵高原东侧斜坡地带，由于海拔的影响导致低海拔区与高海拔区自然气候差异明显，农业生态状态受自然气候背景制约。因此，在农业生态状态中自然质量为最重要的因素层，植被净初级生产力为最重要的指标层。

表 3.16　贵州农业生态安全评价指标权重表

项目层	权重值	因素层	权重值	指标层	客观权重	主观权重	组合权重
压力	0.3531	自然压力	0.4028	喀斯特面积比	0.4132	0.3093	0.3609
				自然灾害受灾率	0.2160	0.2158	0.2180
				石漠化指数	0.1906	0.1914	0.1928
				平均海拔高程	0.0958	0.1446	0.1188
				>25°坡面比	0.0845	0.1390	0.1094
		人口压力	0.3085	农村贫困发生率	0.7940	0.5179	0.6709
				农业人口密度	0.1418	0.3038	0.2172
				人口密度	0.0642	0.1782	0.1119
		土地压力	0.2886	土地垦殖率	0.6786	0.5987	0.6396
				人均耕地比	0.3214	0.4013	0.3604
状态	0.2838	自然状态	0.4771	EMI	0.6242	0.5498	0.5875
				NDVI	0.3758	0.4502	0.4125
		农业状态	0.5229	农民人均纯收入	0.4715	0.4018	0.4366
				人均粮食产量	0.3148	0.3289	0.3228
				农业总产值	0.2137	0.2693	0.2406
恢复能力	0.3690	社会生产力	0.2162	人均地方财政收入	0.6174	0.3709	0.5009
				人均 GDP	0.2555	0.2748	0.2774
				第一产业增加值	0.0814	0.2036	0.1348
				GDP 年平均增长率	0.0457	0.1508	0.0869
		投入能力	0.3951	固定资产投资	0.6180	0.4718	0.5395
				人均地方财政支出	0.2607	0.3462	0.3002
				有效灌溉率	0.1214	0.2120	0.1603
		稳定性	0.3887	自然灾害成灾率/受灾率	0.6594	0.6457	0.6526
				自然灾害成灾率	0.3406	0.3543	0.3474

　　农业生态恢复能力受社会经济活动影响较大,在承受农业灾害压力时如何保证农业生态安全,最重要的两个因素就是社会的投入恢复能力以及农业生态系统本身的稳定性。

3.4.3.3　评价模型及区划

　　农业生态系统安全性评价体系中的每一个单项指标,都是从不同侧面来反映生态系统的安全状况,要想通过不同层次反映还需进行综合评价,运用综合评价方法构建模型。某一评价单元上的不同因素层对农业生态安全度的一级评价模型为:

$$S_k = \sum_{j=1}^{n_k} (k,j) y(k,i,j) \tag{3.37}$$

　　同理可以求得不同项目层农业生态安全度的二级评价 S_i ,以及总的农业生态安全度的三级评价 S 。

　　根据不同层次农业生态安全度评价运用综合评价模型,利用 GIS 空间分析功能可以实现贵州农业气象灾害脆弱性评价图 3.19。

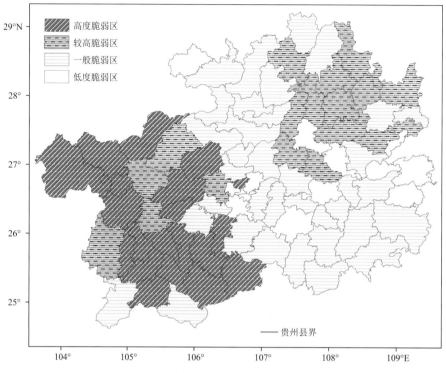

图 3.19　贵州农业气象灾害脆弱性评价

　　由图 3.19 可知,贵州农业气象灾害高脆弱区主要集中在毕节市、六盘水、黔西南州和安顺地区境内,农业生态安全度的评价 S 值为 0.30～0.35,其原因主要包括以下几个方面:①自然灾害对农业生态安全的影响,根据灾害风险研究,该区域是气象灾害频发区域,包括春旱、雨淞、倒春寒、秋风等。自然灾害成灾率较高,其中毕节市多年平均成灾率达到 22.2%,六盘水多年平均成灾率达到 20.4%;②受自然生态状况与农业生态安全的影响,区域内是全省水土流失和石漠化极为严重的地区,森林覆盖率低,破坏了森林调节气候、涵养水源、增加降水、防止气候干旱等功能;③人口压力对农业生态安全的影响,区域内农村贫困发生率高,大都在10% 左右,高于全省农村贫困发生率,远高于全国农村贫困发生率。

　　铜仁部分地区、遵义市南部属于农业气象灾害较高脆弱区,农业生态安全度的评价 S 值为 0.35～0.40,主要是由于:①该区是贵州省夏季干旱最为严重的区域,多年平均夏季旱日数多于 60 d,其中铜仁市自然灾害成灾率为 18.4%,造成区域内农业生态系统压力相对较大;②区域内社会经济水平、农业及社会生产力相对落后,其中,农民人均纯收入为 1500 元左右,低于全省平均水平,农村贫困发生率高,大都在 9% 左右。

　　遵义地区、黔南州和黔东南州部分地区是全省农业气象灾害一般脆弱区,农业生态安全度的评价 S 值为 0.40～0.45。该区域内生态环境质量相对较好,受自然灾害的影响较小,且社会经济条件相对较优越,不存在十分突出的问题。

　　贵阳市、遵义市、凯里市及都匀市等属于贵州农业气象灾害低度脆弱区,农业生态安全度的评价 S 值为 0.45 以上。由于该地区为贵州省及地州首府所在地,是贵州经济最发达的地区,农村经济实力较雄厚,农业物质装备相对优良,农业现代化水平较高,具有相对充分的经济实力保证。农业生态安全建设投入大,保护及整治能力强,农业生态系统具有较强的恢复力。但该区由于城市化、工业化程度高,耕地数量的下降,对农业生态安全构成潜在威胁。赤水以及黔东南州部分地区同样为农业气象灾害低度脆弱区,该区域属于贵州生态环境优越的区域,区域大都属于非喀斯特地区,林地相对广阔,并且海拔较低,自然灾害相对较少,具有发展农业生产优越的自然条件。

3.5 本章小结

本章介绍了贵州省农业资源特征及发展格局,计算和分析了农田光合、光温、气候、气候土地生产潜力,并分析其空间分布特征,以及分析作物生产潜力指数;通过遥感监测分析了水田和旱地 NDVI 变化情况,以及冬季耕地闲置情况;通过对贵州省主要农业气象灾害监测评估,基于风险评估方法实现贵州省农业气象灾害风险评估和灾害风险空间区划,以及农业气象灾害脆弱性研究。

(1)贵州省农产品主产区主要呈块状,分布在农业生产条件较好、经济较集中、人口较密集的北部地区、东南部地区和西部地区,以国家粮食生产重点县和全省优势农产品生产县为主体,形成 5 个农业发展区。贵州省正在构建以"五区十九带"为主体的农业战略格局,以基本农田为基础,以大中型灌区为支撑,以黔中丘原盆地都市农业区、黔北山原中山农-林-牧区、黔东低山丘陵林-农区、黔南丘原中山低山农-牧区、黔西高原山地农-牧区等农业生产区为主体,以主要农产品产业带、特色优势农产品生产基地为重要组成部分的农业发展战略格局。

(2)根据贵州省光能资源分析及光和生产潜力测算,各种作物光合生产潜力均是西部、西南部最高,中部次之,其他地区较低,作物光合生产潜力玉米>水稻>小麦。由于贵州省气温明显的地域差异,水稻、玉米光温生产潜力总趋势为西南及南部边缘地区相对较高,总体趋势由东向西递减,由南向北递减。小麦光温生产潜力西部相对较高,东北部相对较低,总体趋势为由西向东递减。贵州水稻、玉米气候生产潜力总趋势为南部及东南地区相对较高,西北部及东部部分地区相对较低。小麦气候生产潜力西部六盘水、安顺一带及东南部部分地区相对较高。贵州省水稻气候土地生产潜力相对较大的区域为黔南和黔西南,相对较低的区域为毕节市;玉米气候土地生产潜力相对较大的区域为黔西南和安顺,相对较低的区域为毕节市;小麦气候土地生产潜力相对较大的区域为黔东南和铜仁市,相对较低的区域为毕节市。

(3)利用 MODIS 归一化差分植被指数(NDVI)数据产品 MOD13Q1 及土地利用数据,基于高分影像进行冬季闲置耕地采样,同时结合耕地 NDVI 最小值综合计算出闲置耕地的动态识别阈值,进而对铜仁市 2017—2022 年闲置耕地的空间分布和闲置时间进行提取分析。结果表明:铜仁市耕地闲置时间主要为 32~64 d,2018—2019 年冬季闲置面积为近 5 a 最大值,即 276.31 km^2,占耕地总面积的 5.74%,主要分布在思南和玉屏等地。但近 3 a 冬季耕地闲置面积下降趋势明显,2021—2022 年冬季(截至 2022 年 1 月 25 日)仅有 4.57 km^2。

(4)倒春寒和秋风的灾害风险分布都相对比较零散,分布规律大体上均从省内西部地区向东部、南部地区逐渐减轻,省内西北部地区为灾害高风险区域,省内东部和南部的河谷地区为灾害低风险区域。西部毕节市与六盘水地区大部以及雷山、梵净山海拔较高地区为雨凇高风险区域;中部的开阳-瓮安-贵定一带、东部的三穗、万山和北部的习水为雨凇较高风险区域。

贵州省冬季低温风险空间分布与雨凇风险的空间分布基本相同。春旱有从东到西灾害风险逐渐加大的分布规律特点,贵州省春旱相对高风险区域主要包括黔西南州、黔南州西南部、六盘水市、安顺市西南部和毕节市西部。夏旱风险与春旱风险相反,则有从贵州省东部向西逐渐减小的地区分布规律和水平地带的连续性和成片分布的特点,常年一般在贵州省东部地区出现成片的夏旱,贵州省夏旱相对高风险区域主要包括铜仁市、黔东南州和遵义市南部。贵州省秋季绵雨风险有自西北和东北部向东部和东南部递减的分布规律。高风险区主要分布在兴义-晴隆-六枝-织金-金沙-习水一线以西。范围最大、风险最大的一个暴雨高风险区位于省的西南部;另外一个暴雨高风险区出现在黔东南州南部,第三个暴雨高风险区出现在贵州东北部。贵州农业气象灾害高脆弱区主要集中在毕节市、六盘水、黔西南州和安顺地区境内,铜仁部分地区、遵义市南部属于农业气象灾害较高脆弱区,遵义地区、黔南州和黔东南州部分地区是全省农业气象灾害一般脆弱区,贵阳市、遵义市、凯里市及都匀市等属于贵州农业气象灾害低度脆弱区。

第 4 章
森林生态气象

4.1 贵州森林简介

4.1.1 贵州森林生态系统概况

贵州山地和丘陵面积占国土面积的 92.5％,是长江和珠江"两江"上游重要生态屏障,境内属亚热带高原山区,气候温暖湿润,地势起伏剧烈,地貌类型多样,地表组成物质及土壤类型复杂,因而植物种类丰富,植被类型较多。境内多山,主要有苗岭、大娄山、乌蒙山和武陵山四大山脉,山峰高耸。很多山区内人迹罕至,植被的原生状态保存较好。自然植被可分为针叶林、阔叶林、竹林、灌丛(灌草丛)、水生植被(沼泽植被)5 类。针叶林是贵州现存植被中分布最广、经济价值最高的植被类型,以杉木林、马尾松林、云南松林、柏木林等为主;阔叶林以壳斗科、樟科、木兰科、山茶科植物等为主构成,常绿阔叶林是贵州的地带性植被;多种森林植被破坏后发育形成的灌丛及灌草丛分布最为普遍(谢双喜,2018)。

根据《全国森林经营规划(2016—2050 年)》,森林主导功能分为林产品供给、生态保护调节、生态文化服务和生态系统支持四大类。林产品供给包括森林生态系统通过初级和次级生产提供的木材、森林食品、中药材、林果、生物质能源等多种产品,满足人类生产生活需要。生态保护调节包括森林生态系统通过生物化学循环等过程,提供涵养水源、保持水土、防风固沙、固碳释氧、调节气候、清洁空气等生态功能,保护人类生存生态环境。生态文化服务包括森林生态系统通过提供自然观光、生态休闲、森林康养、改善人居、传承文化等生态公共服务,满足人类精神文化需求。生态系统支持是森林生态系统通过提供野生动植物的生境,保护物种多样性及其进化过程。

贵州森林生态系统主要分布在黔东北以梵净山、佛顶山为中心的高中山或中山山地,黔北大娄山区及赤水河、习水河河谷,黔东南雷公山、月亮山及都柳江河谷,荔波-独山喀斯特低中山山地,黔西南、北盘江及红水河河谷 5 个区域。这五处的自然地理背景和环境的异质性,造就了贵州森林生态系统在组成、结构、功能及类型上的特殊性与多样性。

贵州森林生态系统的地带性植被整体上是典型的中亚热带常绿阔叶林,但东部是湿润性常绿阔叶林,而西部则是半湿润性常绿阔叶林。构成贵州常绿阔叶林生态系统的优势种主要有壳斗科的钩栲、甜槠栲、丝栗栲和石栎,樟科的楠木、润楠,木兰科的木莲以及山茶科的木荷等,也常混生一些亚热带扁平型的常绿针叶树种,如粗榧、三尖杉、红豆杉和福建柏等。此外,在贵州山地上,还有以松柏杉为主的暖性针叶林、常绿落叶阔叶混交林、落叶阔叶林和半常绿季雨林等植被类型。同时,贵州境内发育的喀斯特地貌催生了非地带性的喀斯特森林生态系统。在地理分布上,贵州森林生态系统呈现了过渡性、地带性植被与非地带性植被交错分布,不同演替阶段森林镶嵌分布等特点,这也构成了贵州森林的水平格局。

4.1.2　森林功能区分布特征

4.1.2.1　天然林

贵州天然林均匀分布于全省各县,其中小部分天然林地区人烟稀少,且相对集中连片的天然林已经建立自然保护区,大部分天然林处于人为活动较为频繁区域,多为自然萌发的天然次生阔叶林、薪炭林及灌木林,成材的树木不多,木材产量不大。其中有林地占51.43%,灌木林地占48.41%,疏林地占0.06%,未成林地占0.19%。

4.1.2.2　人工林

人工林指通过人工措施形成的森林。贵州省人工林以杉木林和马尾松林为主,其中杉木林为1638649.06 hm²、马尾松林为1306573.01 hm²,占了贵州人工林面积的绝大部分。目前有1480多万亩人工商品林分布在重点生态区位,其中分布在省级以上自然保护区和江河源头、两岸等国家一级公益林区的人工商品林570多万亩。贵州省人工林的主要分区如下:

西部高中山高原云南松、华山松阔叶混交水源涵养林亚区。其范围包括威宁县、纳雍县、赫章县、钟山区、水城县、盘州市6个县(市、区)。

西北部中山高原柳杉阔叶混交水土保持林亚区。其范围包括七星关区、大方县、织金县、普定县、六枝特区5个县(市、区、特区)。

北部低中山山地马尾松竹子阔叶混交水土保持林亚区。其范围包括红花岗区、汇川区、播州区、金沙县、仁怀市、赤水市、习水县、桐梓县、绥阳县、正安县、道具县、务川县12个县(市、区)。

东北部低中山山地马尾松阔叶大径材兼用林亚区。其范围包括凤冈县、湄潭县、余庆县、石阡县、思南县、德江县、沿河县、印江县、江口县、万山区、玉屏县、松桃县、施秉县、镇远县、岑巩县、黄平县、瓮安县17个县(区)。

西南部中山丘陵马尾松阔叶混交特种用途林亚区。其范围包括贵阳市10区(县、市)、西秀区、平坝区、镇宁县、关岭县、凯里市、麻江县、都匀市、福泉市、龙里县、贵定县、长顺县、惠水县、黔西县23个县(区、市)及贵安新区。

西南部中山山地杉木云南松阔叶混交水土保持林亚区。其范围包括兴义市、兴仁县、普安县、晴隆县、贞丰县、安龙县6个县(市)。

南部低山山地马尾松阔叶混交大径级兼用林及桉树速生丰产林亚区。其范围包括荔波县、独山县、平塘县、罗甸县、望谟县、册亨县、紫云县7个县。

贵州东南部低山山地杉木速生丰产用材林亚区,其范围包括三穗县、锦屏、天柱县、剑河县、台江县、黎平县、榕江县、从江县、雷山县、丹寨县、三都县共11个县。

4.1.2.3　公益林

生态公益林是指以生态效益和社会效益为主体功能,依据国家和省有关规定划定,包括防护林、特种用途林,是主要的生态战略资源。贵州区划界定公益林面积581.71万 hm²,其中,国家级公益林面积326.82万 hm²,地方级公益林面积254.89万 hm²。

生态公益林按事权等级划分为国家级公益林和地方级公益林;按地类分为乔木林地、竹林地、疏林地、灌木林地、未成林造林地、苗圃地、迹地和宜林地 8 种。全省国家级公益林的生态区位为:江河源头、江河两岸、森林和陆生野生动物类型的国家级自然保护区以及列入世界自然遗产名录的林地、湿地和水库、荒漠化和水土流失严重地区。地方级公益林的生态区位为:河流两岸、山塘和水库、石漠化地区、国有林场或县级以上自然保护区、城镇村寨等环境保护林或护路林。

4.1.2.4 国家储备林

国家储备林是指为满足经济社会发展和人民美好生活对优质木材的需要,在自然条件适宜地区,通过人工林集约栽培、现有林改培、抚育及补植补造等措施营造和培育的工业原料林、乡土树种、珍稀树种和大径级用材林等多功能森林,主要包括 8 个区域。

西部高中山高原珍贵树种和大径级材用材林区包括:水城县、盘州市、纳雍县、威宁县、赫章县 5 个县(市),是乌江、牛栏江、横江发源地,地处贵州主体功能区划的乌蒙山-苗岭生态屏障及乌江生态保护带西段。

西北部中山高原珍贵树种和大径级材用材林区包括:六枝特区、普定县、七星关区、大方县和织金县 5 个县(区、特区),是乌江、北盘江上游主要汇水区,地处贵州主体功能区划的乌蒙山-苗岭生态屏障及乌江生态保护带西段。

北部低中山山地工业原料林和珍贵树种用材林区包括:桐梓县、正安县、务川县、赤水市、绥阳县、习水县、道真县、播州区、金沙县,地处大娄山-武陵山生态屏障及乌江生态保护带、赤水河綦江生态保护带。

东北部低中山山地珍贵树种和大径级材用材林区包括:湄潭县、江口县、石阡县、思南县、印江县、德江县、沿河县、松桃县、碧江区、万山区、黄平县、瓮安县 12 个县(区),地处大娄山-武陵山生态屏障及乌江生态保护带。

中部中山丘陵珍贵树种和大径级材用材林区包括:开阳县、息烽县、西秀区、平坝区、黔西县、都匀市、福泉市、惠水县、贵定县、长顺县、贵安新区、贵州省国有龙里林场、贵州省国有扎佐林场及贵州省云关山国有林场,地处乌蒙山-苗岭生态屏障中段及乌江生态保护带中段。

西南部中山山地珍贵树种和大径级材用材林区包括:兴义市、兴仁市、安龙县、贞丰县、普安县、晴隆县,本区是南北盘江、红水河流域水土流失区、石漠化地区,地处贵州省主体功能区划的乌蒙山-苗岭生态屏障及南北盘江红水河生态保护带西段。

南部低山山地工业原料林和珍贵树种用材林区包括:紫云县、望谟县、册亨县、荔波县、罗甸县、平塘县 6 个县,地处乌蒙山-苗岭生态屏障、南北盘江红水河生态保护带。

东南部低山山地速生丰产林和大径级材用材林区包括:锦屏县、剑河县、台江县、榕江县、三都县 5 个县,地处乌蒙山-苗岭生态屏障及阮江生态保护带、都柳江生态保护带。

4.1.3 保护与修复

1998 年 10 月,党中央、国务院要求全面停止长江上游、黄河上中游的天然林采伐,并率先在 12 个省(自治区)开展天然林资源保护工程(简称天保工程)试点,贵州是试点省之一。通过 1998 年、1999 年两年试点,2000 年,天保工程启动实施,贵州省内位于长江流域的 70 个县(市、区)纳入天保工程实施范围,面积 13.3 万 km²;珠江流域的 18 个县(市)属非天保工程区,面积 4.31 万 km²。

贵州省借助天保工程一期,大力开展以天然林为主的森林保护与培育、公益林建设及石漠化治理工作。二期工程中,全面停止天然林商业性采伐,每年聘请护林员 1.5 万人,有效管护森林面积 6909.69 万亩。2011—2017 年累计完成公益林建设 150 万亩,完成中幼林抚育 112.7 万亩。2018 年,贵州有天然林 7652 万亩,其中区划为公益林 5871.65 万亩、区划为商品林 1780.35 万亩,剩余的集体和个人所有天然商品林 1742.77 万亩未纳入工程管护费补助范围,其中天保工程区 1081.69 万亩、天保区外 661.08 万亩。

贵州省从 2000 年开始实施退耕还林,为构筑贵州省"两江"上游生态屏障、助推脱贫攻坚做出了积极的贡献。监测结果表明,贵州省退耕还林工程实现涵养水源 24 亿 m³/a,相当于 4 个红枫湖水库蓄水量;实现固碳 406 万 t/a,吸滞 PM$_{2.5}$ 133 万 t/a,较好地降低了碳排放、提高了空气质量。另外,在保育土壤、林木营养物质积累、生物多样性保护等方面成效也十分显著,生态服务功能总价值量达 901.87 亿元/a(陈婷 等,2015)。

2014 年,根据《中共贵州省委关于贯彻落实〈中共中央关于全面深化改革若干重大问题的决定〉的实施意见》等的要求,结合贵州省经济社会发展与生态环境保护现状和林业工作实际,省林业厅制定了《贵州省林业生态红线划定实施方案》,明确贵州省林业生态红线包括林地面积保有量、森林面积保有量、森林蓄积保有量、公益林面积保有量、湿地面积保有量、石漠化综合治理面积、物种红线、古大珍稀树木保有量、林业系统自然保护区面积占国土面积比例等 9 条红线,并将贵州省林业生态红线区域分为一级管控区和二级管控区。为有效落实林业生态红线控制目标,贵州省还划定了贵州省赤水河流域森林和物种保护红线,以及乌江流域、珠江流域、清水江流域和南盘江流域等区域的林业生态红线。明确全省林业红线面积共计 9206 万亩,占国土面积的 34.85%(戴燚 等,2019;陈继红,2015;黎平,2017)。

截至 2021 年 5 月,贵州省共建有各级森林公园 89 个(国家级森林公园 28 个,省级 45 个,县级 16 个),国家级生态公园试点 1 个,国家级林木花卉专类园 1 个,规划经营面积共 27.7 万 hm²。贵州省共建有国有林场 105 个,总经营面积 542.95 万亩。森林覆盖率达到 61.51%,森林蓄积量 6.09 亿 m³;发展林下经济 146.86 万 hm²,实现林业总产值 3378 亿元;生态护林员总数增加到 18.28 万名。

4.2　森林植被生态质量时空变化

2000 年以来贵州省大力推行植树造林、退耕还林、石漠化治理等生态文明建设工程,取得了显著的成效,森林覆盖率从 2000 年的 39.93% 提升到 2020 年的 61.5%,森林覆盖率的大幅度提升客观反映了贵州生态环境的显著改善。随着遥感监测技术的发展,卫星遥感监测技术在地表生态环境演变中的应用越来越成熟,越来越广泛。卫星遥感具有宏观性、周期性、现势性和经济性等诸多优点,其宏观性、多时相、多波段等特征为植被检测与变化分析提供了一种客观而又有效的方法,可以用于大范围区域植被覆盖的定性与定量动态变化监测,为地表生态环境监测与修复提供了科学依据和技术支持。

4.2.1　植被生态质量指数及评估模型

植被净初级生产力是指绿色植物在单位时间、单位面积内所累积有机物数量,是由植物光合作用所产生的有机质总量(Gross Primary Productivity,GPP)中减去自养呼吸(Autotrophic Respiration,RA)后的剩余部分,也称第一生产力。植被覆盖率指植被地上部分垂直投影面积占地面面积的百分比。

利用空间分辨率为 1 km 的 2000—2020 年 EOS/MODIS 月 NDVI 合成数据和月地面气象观测资料,根据植被光能利用原理由陆地生态系统碳通量 TEC 模型计算月植被 NPP,对逐月 NPP 进行累加生成逐年 NPP。月植被 NPP 主要计算公式如下:

$$GPP = \varepsilon \times T_\varepsilon \times W \times FPAR \times PAR \tag{4.1}$$

$$NPP = GPP - R_g - R_m \tag{4.2}$$

$$GPP = \varepsilon \times FPAR \times PAR \tag{4.3}$$

$$R_g = 0.2 \times (GPP - R_m) \tag{4.4}$$

$$R_m = GPP \times (7.825 + 1.145 \times T_a)/100 \tag{4.5}$$

式中,NPP、GPP、R_g 和 R_m 分别表示植被净初级生产力、总初级生产力、生长呼吸消耗量和维持呼吸消耗量(gC/(m^2·月)),ε 为实际光能利用率,T_ε 为温度胁迫系数,W 为水分胁迫系数,FPAR 表示植被吸收光合有效辐射的比例,PAR 为入射光合有效辐射(MJ/(m^2·月)),T_a 为月平均气温(℃)。

利用 EOS/MODIS 月 NDVI 合成数据,运用像元二分法估测地表植被覆盖度。

$$FVC = \frac{NDVI - NDVI_s}{NDVI_v - NDVI_s} \times 100\% \tag{4.6}$$

式中,FVC 为月植被覆盖度;NDVI 为月合成归一化差分植被指数;$NDVI_s$ 为像元纯土壤时的 NDVI,$NDVI_v$ 为像元全植被覆盖下的 NDVI。年植被覆盖度为 1—12 月植被覆盖度的平均值。

植被净初级生产力和植被覆盖度为反映陆地生态系统服务功能的两个最基本特征量,也是反映植物群落生长茂盛程度、植被生态质量的两个关键特征量。钱拴等(2020)构建的植被综合生态质量时空变化动态监测评价模型,综合考虑了植被净初级生产力和植被覆盖度两个主要特征量,实现对植被生态质量年际变化的客观化监测评估。

基于年内任意时段、生长季、全年的植被 NPP 和平均植被覆盖度,计算得到反映该时段的植被生态质量指数,计算公式:

$$Q_i = (f_1 \times C_i + f_2 \times \frac{NPP_i}{NPP_m}) \times 100 \tag{4.7}$$

式中,Q_i 为第 i 年某段时间的植被综合生态质量指数,其值在 0～100 之间;Q_i 值越高,代表植被生态越好;f_1 为植被覆盖度的权重系数,取 0.5;C_i 为第 i 年该时段的平均最高植被覆盖度;f_2 为植被净初级生产力的权重系数,取 0.5;NPP_i 为第 i 年该时段植被累计净初级生产力;NPP_m 为第 1 年—第 n 年同时段陆地植被净初级生产力中的最大值,本研究时段为 2000—2020 年,时段跨度为 21 a。

为评估某年植被生态质量水平,通过评估全年植被生态质量指数的距平百分率表示,计算方法:

$$\Delta Q = (Q - \overline{Q})/\overline{Q} \times 100\% \tag{4.8}$$

式中,ΔQ 为全年植被生态质量指数的距平百分率;Q 为该年植被生态质量指数;$\overline{Q}$ 为常年(一般为 10 a 或 10 a 以上)同期植被生态质量指数的平均值。

为反映植被生态质量多年变化趋势特征,利用一元线性回归方程的斜率来反映植被生态质量指数变化的速率,计算公式如下:

$$\mathrm{Slope}_Q = \frac{\sum_{i=1}^{n} Q_i t_i - \frac{1}{n} \left(\sum_{i=1}^{n} Q_i \right) \left(\sum_{i=1}^{n} t_i \right)}{\sum_{i=1}^{n} t_i^2 - \frac{1}{n} \left(\sum_{i=1}^{n} t_i \right)} \tag{4.9}$$

式中,Slope_Q 为各像元植被生态质量指数变化斜率,变化斜率为正反映该像元植被生态质量指数为改善趋势,为负则反映植被生态质量指数为衰退的趋势;Q_i 为第 i 年的植被生态质量指数,t_i 为年份,n 为总年数,本研究为 21 a。

4.2.2 森林植被生态质量时空变化特征

在贵州省 2000—2020 年逐年植被生态质量指数数据基础上,利用 ArcGIS 软件提取出森林覆盖区域的植被生态质量指数数据,采用一元线性回归分析法对 21 a 间贵州森林植被生态质量的时空变化特征进行分析研究,运用距平法监测评估 2020 年的森林植被生态质量状况。

从 2000—2020 年每间隔 5 a 的森林植被生态质量指数分布图(图 4.1—图 4.3)可以看出,这 21 a 间森林植被生态质量显著改善。

2000 年森林植被生态质量指数(图 4.1a)为 58.5,东南部、南部、西南部、梵净山、赤水等地相对较高,西北部、贵阳南部、铜仁西部等地相对较低。森林覆盖区有 8.1% 的区域植被生态质量指数低于 50,52% 的区域处于 50～60 之间,37.9% 的区域处于 60～70 之间,2% 的区域处于 70～80 之间。

2005 年森林植被生态质量指数(图 4.1b)为 60.2,东南部、南部、西南部、梵净山、赤水等地相对较高,西北部、贵阳南部、遵义西南部等地相对较低。森林覆盖区有 5.1% 的区域植被生态质量指数低于 50,42.2% 的区域处于 50～60 之间,49.1% 的区域处于 60～70 之间,3.6% 的区域处于 70～80 之间。

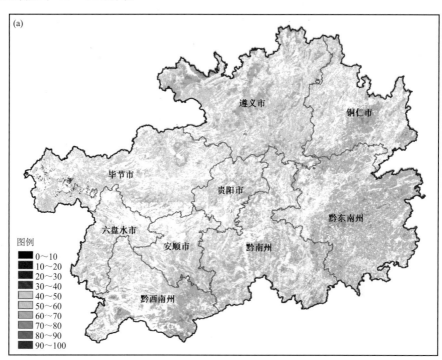

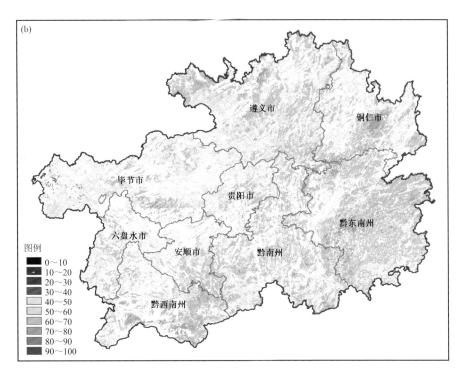

图 4.1　2000 年(a)和 2005 年(b)森林植被生态质量指数

2010 年森林植被生态质量指数(图 4.2a)为 60,东南部、遵义西北部、梵净山等地相对较高,西北部、贵阳南部、黔西南北部等地相对较低。森林覆盖区有 3%的区域植被生态质量指数低于 50,33.5%的区域处于 50～60 之间,55%的区域处于 60～70 之间,8.5%的区域处于 70～80 之间。2015 年植被生态质量指数(图 4.2b)为 70.2,较 2010 年提升了 10.2。东南部、南部、西南部、遵义西北部、梵净山等地相对较高,西北部、贵阳南部相对较低。仅有 0.4%的区域植被生态质量指数低于 50,5.2%的区域处于 50～60 之间,41.6%的区域处于 60～70 之间,49.4%的区域处于 70～80 之间,3.4%的区域高于 80。

2020 年森林植被生态质量指数(图 4.3)为 71.4,东南部、西南部相对较高,西北部、贵阳南部相对较低。全省森林覆盖区仅有 0.4%的区域植被生态质量指数低于 50,3.9%的区域处于 50～60 之间,34.2%的区域处于 60～70 之间,55.1%的区域处于 70～80 之间,6.4%的区域高于 80。

从 2000—2020 年逐年的森林植被生态质量指数(图 4.4)变化可知,21 a 间植被生态质量指数呈波动上升趋势,从 2000 年的 58.5 提升到 2020 年的 71.4,2019 年的 71.9 为历年最高。21 a 中呈波动上升趋势,2010—2012 年为一个相对低谷期,2013 年相对增幅较大,较 2012 年提升了 7.4,2013 年后年森林植被生态质量指数维持在 67 以上。

图 4.5 为 2000—2020 年森林植被生态质量指数变化趋势图,近 21 a 全省 99.1%的区域森林植被生态质量为改善趋势,生态质量指数平均每年上升 0.62,中部以西地区的增幅相对较大,其中黔西南东部、黔南西南部、安顺东南部、毕节北部和西部、遵义西北部等地平均每年上升 0.75 以上,中部以东地区原本植被生态质量指数相对较高的区域提升幅度相对较小。0.9%的区域为变差趋势,主要为贵阳、遵义、黔东南、黔南等市(州)的城镇周边区域。

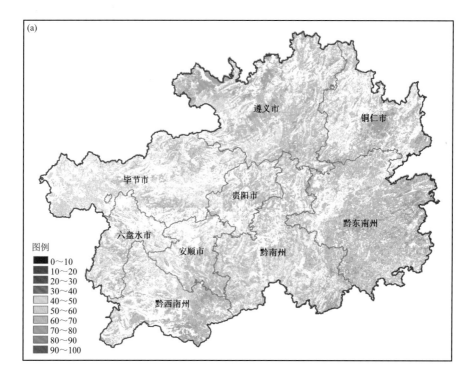

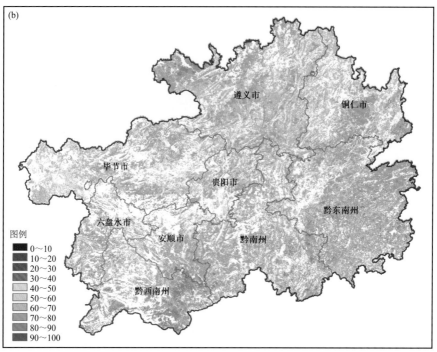

图 4.2　2010 年(a)和 2015 年(b)森林植被生态质量指数

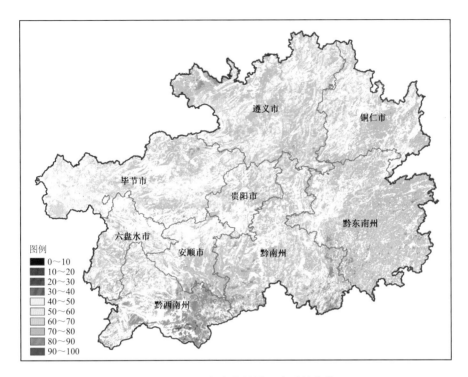

图 4.3　2020 年森林植被生态质量指数

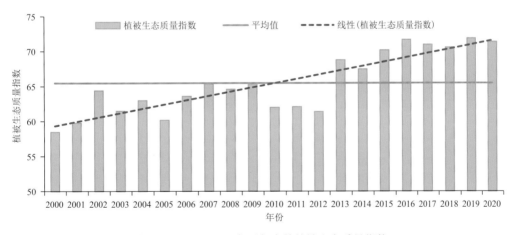

图 4.4　2000—2020 年逐年森林植被生态质量指数

　　图 4.6 为 2020 年森林植被生态质量指数距平百分率分布图,相对于常年(2000—2019 年年平均森林植被生态质量指数),2020 年以变好为主,全省森林覆盖区平均距平百分率为 9.8％。其中很好等级的比例为 47.3％,较好等级的比例为 41.3％,持平等级的比例为 9.9％,较差等级的比例为 1.3％,很差等级的比例仅为 0.2％,全省 88.6％的区域好于常年, 1.5％的区域比常年差。优于常年的区域主要分布在铜仁东北部和西部、毕节北部和东北部、 黔南的西南部、六盘水南部、黔西南大部、安顺东南部等地,差于常年的区域主要分布在贵阳、 黔东南、黔南、铜仁、遵义、安顺等市(州)的城镇周边区域。

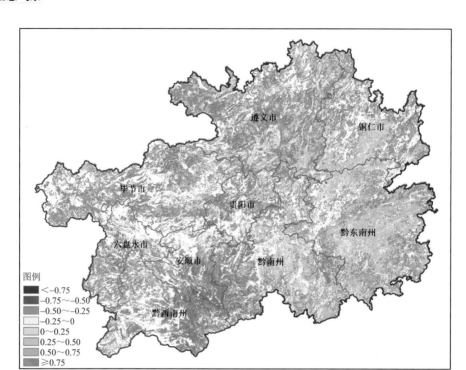

图 4.5　2000—2020 年森林植被生态质量指数变化趋势图

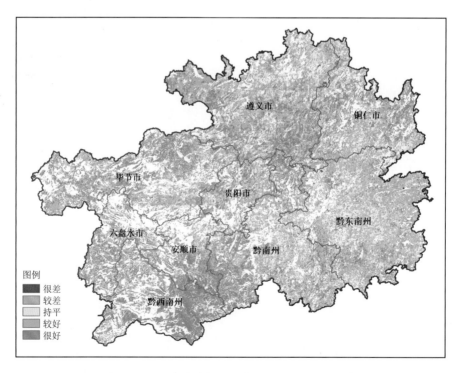

图 4.6　2020 年森林植被生态质量指数距平百分率

4.3　森林火情遥感监测

森林火情是指林地内不受控制的林火行为。森林火情的发生会烧毁林木,对森林生态系统造成破坏,严重情况下可能导致森林生态系统产生衰退甚至消失。森林火灾突发性强、破坏性大、危险性高,是全球发生最频繁、处置最困难、危害最严重的自然灾害之一,是生态文明建设成果和森林资源安全的最大威胁。

贵州位于低纬山区,生态环境复杂多样,森林资源丰富。在冬春季节,降水偏少,风干物燥,森林火灾极易发生,对林业资源和生态环境带来严重威胁,每年的 10 月—次年 5 月也是全省防火关键期。贵州森林覆盖的地区多为交通不便的山区,这也给林火的人工监测带来较大困难。随着科学技术的发展,卫星遥感在森林、草原等火情监测中得到越来越广泛应用。利用气象卫星探测器资料,提取热源点信息,判断火情类型,估算亚像元热源点面积,在地理信息数据支持下,制作多通道火情监测图、火情监测专题图、火区信息列表等明火监测产品,用于森林草原火灾、秸秆焚烧热源点等监测服务。卫星遥感监测产品为森林火灾的实时监测、动态跟踪和灾后评估提供了重要参考依据。

4.3.1　卫星遥感火情遥感监测原理

4.3.1.1　监测原理

遥感技术自 20 世纪 70 年代开始应用以来,因具有宏观性、综合性、可重复性和成本低等显著优势,在众多领域进行了广泛的应用,也是目前火情日常业务监测的一种重要技术手段。由遥感原理可知,高温热源点的辐射能在传感器的中红外通道被强吸收,由此来识别热源点和非热源点。由黑体辐射和斯特藩-玻耳兹曼定律可知,林火、地表火等高温热源目标会引起辐射地急剧变化,这种变化将十分有利于高温热源的识别,因此,应用遥感技术可以实时监测热源点的出现。

目前贵州用于火情监测的卫星遥感仪器主要包括 NOAA/AVHRR、EOS/MODIS、FY-3/VIRR 和 NPP/VIIRS 等,由于不同传感器的参数特征不同,火情监测方法也不尽相同,但大多是在 AVHRR 反演方法基础上发展而来,均借助于搭载在极轨卫星上的传感器。极轨卫星虽然在火情监测中发挥了重要作用,但由于其轨道运行特点,在实际应用中仍存在不足:如单星平均每日过境频次为 1~2 次,即便目前已有多颗运行的极轨气象卫星,但过境时间相对集中,平均时间间隔高达 4~5 h,每天仍有若干时段无观测数据;由于观测角度和遥感仪器特性不同,对同一地物、不同极轨卫星获取的辐射信息不同,即便进行了校正,也无法进行较高要求的分析比较,难以实现对突发性事件的连续观测;另外,极轨卫星的扫描宽度相对较窄,边缘部分畸变较大,分辨率降低。

根据斯特藩-玻耳兹曼定律,黑体的全波长辐射 F 与温度 T 的四次方成正比:

$$F = \sigma T^4 \tag{4.10}$$

式中,σ 为斯特藩-玻耳兹曼常数,值为 5.67×10^{-8},单位为 $W/(m^2 \cdot K^4)$。黑体温度只是很小的变化,就会引起辐射值的很大变化。高温热源点的温度会使得辐射的急剧增加,这种特点十分有利于对其进行判识。此外,根据维恩位移定律,黑体辐射峰值波长 λ_{max} 与黑体温度 T 的乘积为常数:

$$\lambda_{\max} \cdot T = 2897.8(\mu m \cdot K) \tag{4.11}$$

可见,当黑体温度升高时,最大辐射值朝短波方向移动。

常温地表(温度约 300 K)辐射峰值波长在长波红外通道(波长 11 μm)左右。林火燃烧温度一般在 550 K 以上,其热辐射峰值波长靠近中波红外通道(通道 3,3.7 μm)范围。当地面出现热源点时,AVHRR 数据在中波红外通道的辐射值和亮温急剧上升,和周围的像元形成明显反差,并远超长波红外通道(通道 4,11 μm)增量。利用 AVHRR 通道 3 的亮温与周围背景像元的亮温差异,以及中红外与远红外亮温差异和周围无火像元差异,可对林火、草原热源点等高温热源点进行遥感判识。另外,在中红外波段太阳辐射反射与地面常温发射辐射较为接近,因此需要消除太阳辐射反射在植被较少的下垫面和在云表面的干扰。表 4.1 为 NOAA 卫星不同波段的应用领域。

表 4.1　NOAA/AVHRR 气象卫星通道及应用

通道	波段/μm	主要应用领域
1	0.58~0.68	白天图像、植被、积雪
2	0.72~1.00	白天图像、植被、农业估产、土地利用
3	3.55~3.93	高温热源点、夜间云图、森林火灾、火山活动
4	10.30~11.30	昼夜图像、海表和地面温度、土壤温度
5	11.50~12.50	昼夜图像、海表和地面温度、土壤温度

目前用于卫星遥感火情监测的系统主要是国家卫星中心下发的"卫星遥感火情监测平台",此系统可以查看贵州区域内基于 FY-3B、FY-3C、FY-3D、FY-4A、NPP 以及葵花 8 卫星的火情监测产品,贵州建设了本地火情干扰源数据库,用于剔除平台产品虚假监测点,大大提高火情检测准确率。

4.3.1.2　火情干扰源数据排除

(1)遥感热源点干扰源数据库建设

结合贵州省最新的高分系列(GF-1、GF-6)卫星影像,对全省干扰源的地理信息数据进行提取、收集和筛选,基于 GIS 技术建立贵州遥感热源点干扰源数据库,全省遥感热源点干扰源的分布图以及对应的属性信息表分别见图 4.7 和图 4.8。

(2)干扰源数据库应用

以 2020 年 11 月 16 日风云卫星火情遥感监测的热源点为例(表 4.2),对全省遥感热源点干扰源数据库开展应用:首先基于 GIS 技术建立的全省遥感热源点干扰源数据库,初步判断出热源点附近存在干扰源(光伏发电场);运用 GIS 技术处理时,干扰源被看作成一个点或面,创建干扰源的缓冲区(参考卫星遥感智慧天眼监测系统中的干扰源范围 5 km);然后通过添加 XY 数据输入热源点的经纬度信息,最后确定热源点是否在缓冲区内。通过这样的判识方法,所验证热源点均在缓冲区内,因此判识为虚假热源点。遥感热源点干扰源数据库的应用流程图以及判识结果分别如图 4.9、图 4.10 所示。

图 4.7　贵州省遥感热源点干扰源的分布图

图 4.8　贵州省部分遥感热源点干扰源(水体、光伏发电场以及其他热源点)的属性信息

表 4.2 2020 年 11 月 16 日卫星遥感智慧天眼监测系统中的遥感热源点

编号	日期 (年-月-日)	时间	地点	经度 /°E	纬度 /°N	热源点面积 /hm²	土地类型	数据源
1	2020-11-16	10 时 20 分	毕节市威宁县 迤那镇狼山	103.96	27.08	0.39	林地 57%;农田 14%; 其他 29%	FY-3C
2	2020-11-16	11 时 20 分	毕节市威宁县 黑土河镇中坝	103.9	27.22	0.039	林地 100%	FY-3C
3	2020-11-16	12 时 20 分	毕节市威宁县 迤那镇括爬山	103.89	27.15	0.09	林地 101%	FY-3C
4	2020-11-16	13 时 20 分	毕节市威宁县观风 海镇干马路	103.9	26.98	0.117	林地 67%;草地 33%	FY-3C

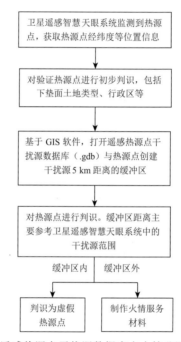

图 4.9 贵州遥感热源点干扰源数据库在火情监测业务中的应用

4.3.2 火情监测业务产品及服务流程

（1）产品分类

卫星遥感火情监测业务产品分为日常业务产品和重大火情业务产品。

日常业务产品：包括实时火情卫星遥感监测产品和每日火情卫星遥感统计产品。

重大火情业务产品：重大火情发生期间，按照《重大火灾应急值班流程》，启动应急值班流程，制作相应火情监测快报、评估报告。

（2）监测产品制作与发布流程

贵州省卫星遥感火情监测技术流程如图 4.11 所示，服务流程如图 4.12 所示。

图 4.10　2020 年 11 月 16 日风云卫星遥感监测的热源点判识结果图

（其中浅绿色、红色三角形分别为光伏发电场、热源点，蓝色圆形为 5 km 缓冲区）

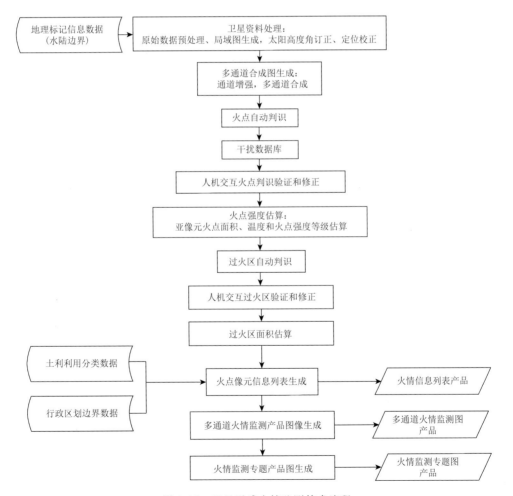

图 4.11　卫星遥感火情监测技术流程

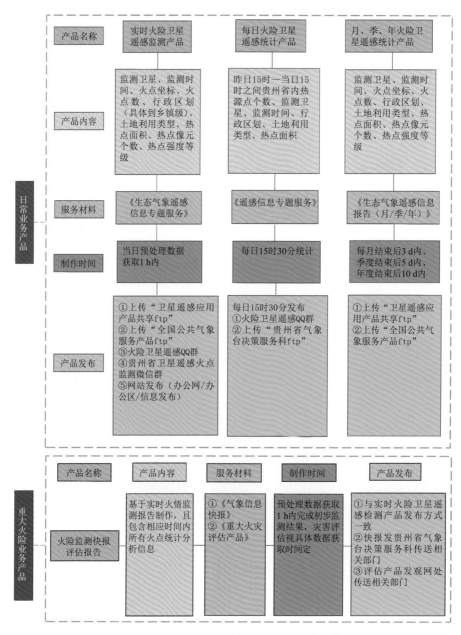

图 4.12 贵州省森林火情遥感监测服务流程

4.3.3 卫星遥感火情监测结果分析

　　2018 年遥感监测到火情次数共 1023 次，主要分布在省的西部地区（图 4.13），3 月火情次数最多，达 111 次。2019 年共监测到火情 737 次，较 2018 年监测到火情（1023 次）少了近 3 成，但西部、西南部监测到的火情较多（图 4.14）。两年火情次数集中在云量较少的贵州西部，因火情监测依赖于中红外通道的卫星探测器，其无法穿透云层，因此对于云量较多的东部地区，火情监测漏报率较高。

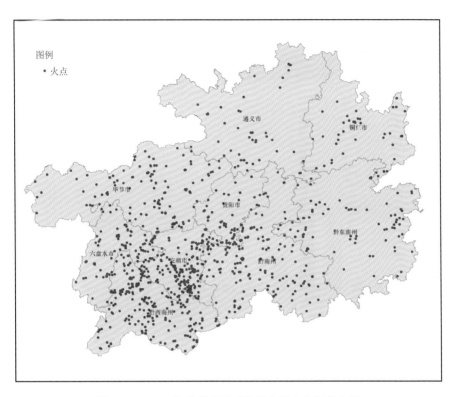

图 4.13　2018 年贵州省遥感监测火情点空间分布图

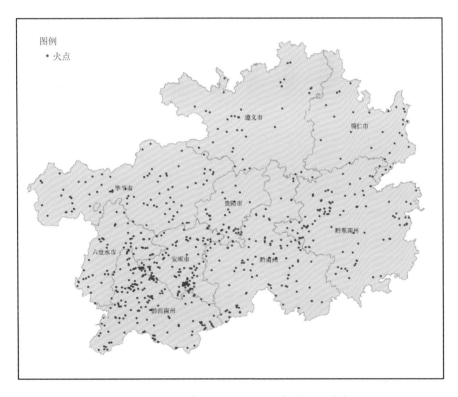

图 4.14　2019 年贵州省卫星监测火情点空间分布图

统计2018年和2019年每月火情次数(图4.15),得出2—4月为火情高发期,其中2018年3月火情次数最多,达483次,2019年火情最多也在3月,共监测到207次,不足2018年同期的一半。统计2019年各市(州)火情次数(图4.16),其中黔西南州监测到的火情次数最多,达170次,贵阳市、铜仁市、遵义市监测到火情较少,在40次以下。

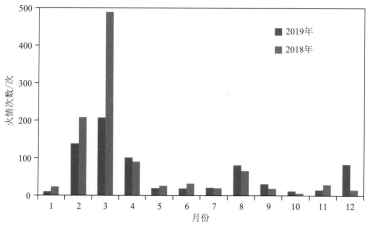

图4.15　2018年和2019年各月火情次数对比

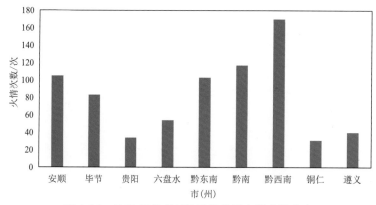

图4.16　2019年各市(州)卫星监测火情次数分布

4.4　森林火险气象等级预报

4.4.1　森林火险气象等级预报原理

贵州省地势西高东低,自中部向北、东、南三面倾斜,平均海拔1100 m左右。地貌以山地和丘陵为主,占全省面积92.5%。贵州省属于亚热带季风气候,东半部在全年湿润的东南季风区内,西半部处于无明显的干湿季之分的东南季风向干湿明显的西南季风区的过渡地带。贵州森林覆盖率从1998年的30.83%增加到目前的61.5%,其自然植被通常分为阔叶林、针叶林、灌丛及灌草丛、沼泽植被及水生植被、竹林等不同类型的森林植被,针叶林、落叶阔叶林、竹林的物种种类比较突出。植被物种的丰富更容易造成森林火灾的发生,为森林火灾的预报带来难度(田鹏举 等,2018;梁莉 等,2019)。

同时,森林火灾的发生、发展与气象条件有密切的关系(牛若芸 等,2007)。首先,温度、湿度、风速对森林中可燃物的易燃特性产生很大影响。其次,风速、风向可以直接影响森林火灾的传播方向、蔓延速度和扑灭的难易程度。森林火险气象指数是根据森林火险与气象条件的关系,通过经验或数学方法得出的,用于判定某林区起火的可能性、火灾强度、火灾蔓延速度以及人类控制火情的难易程度(韩焱红 等,2019;郑忠 等,2020)。

利用 2017—2019 年贵州省内遥感监测热源点数据、森林火灾的统计报表数据,分析了贵州省森林火灾的时空分布特征。同时,选取同一时期内气象数据,利用数理统计方法建立了贵州省森林火险气象等级预报模型。

森林火险气象预报由低到高划分为五个等级(GB/T 36743—2018,全国气象防灾减灾标准化技术委员会,2018),分别为低(一级)、较低(二级)、较高(三级)、高(四级)、极高(五级)(表4.3)。

表 4.3 森林火险气象预报等级及服务提示用语

火险等级	危险程度	易燃程度	蔓延程度	预报服务用语
一级	低	难	难	森林火险气象等级低
二级	较低	较难	较难	森林火险气象等级较低
三级	较高	较易	较易	森林火险气象等级较高,须加强防范
四级	高	容易	容易	森林火险气象等级高,林区须加强火源管理
五级	极高	极易	极易	森林火险气象等级极高,严禁一切林区用火

4.4.2 火情监测和火灾分布特征

由 2017—2019 年贵州省遥感监测资料可以看出(图 4.17),省内区域均存在火情点,火情点分布不均,东部少,西部多,省的北部、东北部火情点监测偏少,西部地区偏多,尤其黔西南州为火情点最多区域。

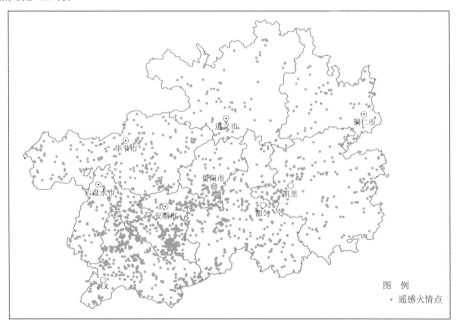

图 4.17 贵州省遥感监测森林火情点分布图

在所有监测森林火情中,2017—2019 年贵州省造成火灾的森林火情次数累计 57 次,从分布情况来看(图 4.18),全省火灾分布不均,北部少,南部多,尤其黔南州为全省森林火灾次数最多区域,累计火灾次数达 23 次,而省的南部地区森林火灾次数普遍在 5 次以上。

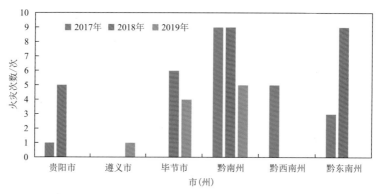

图 4.18 2017—2019 年贵州省部分市(州)森林火灾发生次数柱状图

从图 4.19 可以看出,2017—2019 年贵州省森林火灾多发生在冬季和春季,多发生在 2—4月份,个别年份出现在 12 月。2017 年(图 4.19a),4 月发生火灾次数最多,占全年火灾次数的

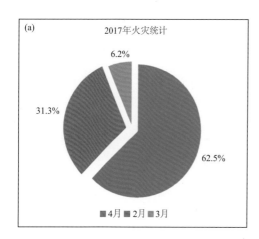

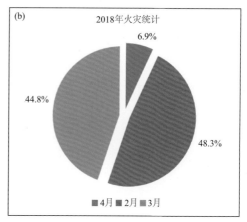

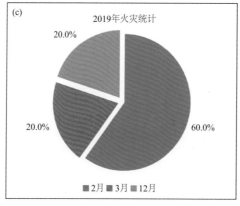

图 4.19 2017—2019 年贵州省森林火灾发生时间分布

62.5%,2 月次之,占 31.3%,3 月最少,占全年火灾次数的 6.2%。2018 年(图 4.19b),2 月发生火灾次数最多,占全年火灾次数的 48.3%,3 月次之,占 44.8%,4 月最少,占全年火灾次数的 6.9%。2019 年(图 4.19c),2 月发生火灾次数最多,占全年火灾次数的 60.0%,3 月和 4 月次之,均占全年火灾次数的 20.0%。

4.4.3 森林火险气象指数

森林火险指数是先分别由 14 时风速(表 4.4)、14 时气温(表 4.5)、14 时相对湿度(表 4.6)和连续无降水日数(表 4.7)计算出单因子对应的火险指数,再通过布龙-戴维斯方案(表 4.8)及其修正方案查算表得出(表 4.9),由式(4.12)、(4.13)、(4.14)计算得出。

$$U = I_v(v) + I_T(T) + I_F(F) + I_m(m) \tag{4.12}$$

$$U' = I'_v(v) + I'_T(T) + I'_F(F) + I'_m(m) \tag{4.13}$$

式中,U 表示按照布龙-戴维斯方案关于单因子对应火险指数,U' 表示修正后按照布布-戴维斯方案关于单因子对应火险指数,v 为 14 时风速(m/s),T 为 14 时气温(℃),F 为 14 时相对湿度,m 为连续无降水日数(d),$I_v(v)$、$I_T(T)$、$I_F(F)$、$I_m(m)$ 分别表示各单因子所对应的火险指数,由已制定好的查算表(表 4.6、表 4.7)得出。森林火险指数表示为:

$$I_{nmc} = (AU + BU') \times C_s \times C_r \tag{4.14}$$

式中,C_s 为地表状况修正系数,取值为 1;C_r 为降水量修正系数,当日有降水取值为 0,当日无降水取值为 1。权重系数 A 和 B 分别为 0.3 和 0.7;I_{nmc} 为最终计算出的森林火险气象指数。

森林火险指数生成后需读取遥感火险监测资料,若所辖县市存在热源点,火险指数自动改为 4 级,存在着火点,火险指数自动改为 5 级。

表 4.4 风速及其函数值查对表

$v/(m/s)$	≤1.5	(1.5,3.5]	(3.5,5.6]	(5.6,8.1]	(8.1,10.9]	(10.9,14.0]	(14.0,17.2]	>17.2
$f(v)/\%$	4	8	12	15	19	23	27	31

表 4.5 温度及其函数值查对表

$T/℃$	≤5	(5,10]	(10,15]	(15,20]	(20,25]	>25
$f(T)/\%$	0	5	6	9	13	15

表 4.6 相对湿度及其函数值查对表

$r_{RH}/\%$	≥70	[60,70)	[50,60)	[40,50)	[30,40)	<30
$f(r_{RH})/\%$	0	3	6	9	12	15

表 4.7 连续无降水日数及其函数值查对表

m/d	轻旱及以上	0	1	2	3	4	5	6	7	≥8
	无旱	0~3	4~6	7~9	10~12	13~14	15~16	17~18	19~20	>20
$f(M)/\%$		0	8	12	19	23	27	31	35	38

表 4.8　布龙-戴维斯火险气象因子及其指数查对表

风速 /(m/s)	$I_v(v)$	气温 /℃	$I_T(T)$	相对湿度 /%	$I_F(f)$	连续无降水日数 /d	$I_m(m)$
0～0.9	5	15～19	0	>75	0	0	0
1.0～2.9	15	20～23	3	40～75	5	1	5
3.0～5.9	25	24～28	6	25～39	10	2	10
6.0～10.9	30	29～32	9	15～24	15	3～5	15
≥11	35	33～37	12	8～14	20	6～8	20
		>38	15	0～7	25	>8	25

表 4.9　修正后的布龙-戴维斯火险气象因子及其指数查对表

风速 /(m/s)	$I_v(v)$	气温 /℃	$I_T(T)$	相对湿度 /%	$I_F(f)$	连续无降水日数 /d	$I_m(m)$
0～1.5	3.846	<5	0	>70	0	0	0
1.6～3.4	7.692	5～10	4.61	60～70	3.076	1	7.692
3.5～5.5	11.538	11～15	6.1	50～59	6.153	2	11.538
5.6～8.0	15.384	16～20	9.23	40～49	9.23	3	19.23
8.1～10.8	19.236	21～25	12.5	30～40	12.307	4	23.076
10.9～13.9	23.076	>25	15.384	<30	15.384	5	26.923
14.0～17.2	26.923					6	30.7
>17.2	30.9					7	34.615
						≥8	38

4.5　森林热源点三维地理环境展示与扩展应用

4.5.1　森林热源点卫星数据处理

　　基于风云三号(FY-3B、FY-3C、FY-3D)、NPP 以及 MODIS 所获取的森林热源点数据进行三维地理环境展示与扩展应用。首先,获取数据文件(表 4.10),通过对应编码筛选所选区域的数据文件,然后对数据文件中的热源点经纬度解密得到十进制的经纬度数据。其中,数据文件包括热源点的卫星热源点像元个数、像元面积(km^2)、热源点面积(hm^2)、热源点强度等级以及所属的土地类型等信息。可通过 JavaScript 或 Java 等相关开发语言将以上数据信息进行处理并生成 JSON 文件(图 4.20)。

表 4.10　森林热源点 FY-3D 数据文件格式

卫星观测时间:2021-03-19　15:00(UTC)													
热源点区信息统计结果													
火区号	中心经度	中心纬度	热源点 像元个数	像元 面积	热源点 面积	热源点 强度	热源点 强度	省地县	林地 (%)	草地 (%)	农田 (%)	其他 (%)	平均 可信度	区域编码
1	0.284802	0.071859	5	5.02	0.285	2	1	0	100	0	0	0	85	49

```json
{
  "type": "FeatureCollection",
  "features": [
    {
      "type": "Feature",
      "geometry": {
        "coordinates": [
          105.21,
          26.36
        ],
        "type": "Point"
      },
      "properties": {
        "土地类型": [
          "0.0",
          "0.0",
          "100.0",
          "0.0"
        ],
        "卫星观测时间": "2021-04-02 13:55(UTC)",
        "可信度": "85.0",
        "地点": "六盘水市水城区马场村－大闹地西北约326米",
        "热点强度等级": "1.0",
        "明火面积": "0.04",
        "热点像元数": "1.0",
        "数据源": "FY3D",
        "干扰源": false,
        "像元面积": "1.005",
        "NAME": "火点1"
      }
    },
    {
      "type": "Feature",
      "geometry": {
        "coordinates": [
```


图 4.20 森林热源点信息 JSON 格式文件

4.5.2 森林热源点三维地理环境展示

通过 Cesium 开源库实现三维地理环境，Cesium 是国外基于 JavaScript 编写的使用 WebGL 的地图引擎，支持 3D、2D 地图展示，可以自行绘制图形、高亮区域，并提供良好的触摸支持，且适用于绝大多数的浏览器。

4.5.2.1 搭建三维地图展示平台

通过 Cesium 三维引擎，以高分卫星影像或在线地图服务为底图搭建三维地图展示平台，并引入地势高程、路网、水系等相关地理数据。

高分卫星影像和数字高程分辨率越高地图越清晰，但分辨率越高的影像和高程数据，其数据存储量就会越大。为使三维展示平台快速流畅，需要对离线的影像和数字高程底图数据在加载前进行切割为瓦片数据使用。此外，在线地图服务有天地图、ArcGIS 地图、Cesium 地图、谷歌地图、腾讯地图等服务。因此，对分辨率要求较高的，建议选择离线的高分卫星影像和数字高程数据；对分辨率要求不高的，建议选择在线地图服务较为便捷。

路网数据可用在线服务数据，加载使用较为方便、快捷。水系等矢量数据（shp 格式和 kml 格式）需要先进行格式转换后再加载至三维地图平台。

4.5.2.2 三维地图加载与数据展示

将生成的森林热源点 JSON 文件加载到三维地图平台，以 JavaScript 语法读取其相关属性信息。代码如下：

```
var promisejson=Cesium.GeoJsonDataSource.load("xx.json",options);
promisejson.then(function (dataSource) {
```

```
viewer. dataSources. add(dataSource);
var hotEntities = dataSource. entities. values;
for (var i = 0; i < hotEntities. length; i++) {
    var entity = hotEntities[i];
    var firearea=entity. properties["明火面积"]. _value;
    var series=Math. round(Number(firearea)/0.5)/10;
    myscale=1. 0+series;
    entity. billboard={
     image:". xx. png",
     scale:myscale
    }
  }
});
```

在上述代码中,"xx.json"为JSON格式的数据文件地址;"firearea"为每一个热源点的"明火面积",通过"firearea"值范围设置热源点图标的大小,即对"scale"赋值,按倍数进行放大缩小。

以在线天地图服务为底图,生成的森林热源点三维效果如图4.21所示。

图4.21 森林热源点三维地图展示

4.5.2.3 扩展与融合应用

森林热源点除了在三维地形图上展示、查看周围地形及地理信息外,还可以融合其他学科知识综合应用,本部分将介绍森林热源点低风险区和高风险区的三维绘图。

结合气象资料,获取热源点周边的风向数据,将火源上风口设置为低风险区,下风口为高风险区,并通过三维几何绘图功能绘制风险区,绘制样式可根据用户需求进行多样化设置,效果如图 4.22 所示,绿色为低风险区,红色为高风险区。

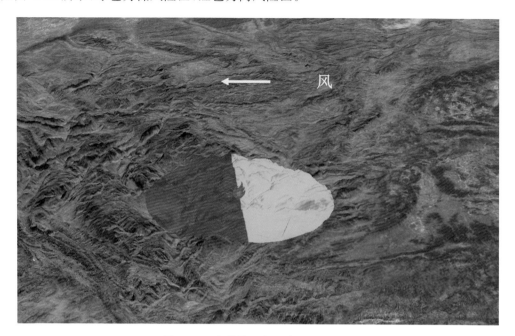

风

图 4.22　森林热源点风险区三维演示

4.6　本章小结

本章首先对贵州森林生态系统不同类型森林功能区分布特征、森林保护和修复方面的举措及成果进行介绍,进而对森林植被生态质量时空变化、森林火情遥感监测、森林火险气象等级预报、森林热源点三维地理环境展示与扩展应用等进行展示。

(1)基于长序列气象和遥感数据,对贵州森林植被生态质量年际时空变化进行监测评估,客观展现了植树造林、退耕还林、石漠化治理等生态文明建设工程的显著成效。监测显示:2000—2020 年这 21 a 森林植被生态质量指数绝大部分地区为改善趋势,生态质量指数平均每年上升 0.62,全省 99.1% 的区域为改善趋势,中部以西地区的增幅相对较大,中部以东地区原本植被生态质量指数相对较高的区域提升幅度相对较小。

(2)对卫星遥感森林火情监测原理、贵州省火情监测的干扰源数据库建设、火情监测业务产品及业务服务流程和贵州省森林火险气象等级预报业务进行介绍。全省森林火灾多发生在冬季和春季,多发生在 2—4 月份;省内热源点分布不均,东部少、西部多,尤其黔西南州为火险点最多区域。森林火险气象指数的实际应用效果不仅与其所选气象因子、设定参数和构建方法有关,还与当地的气候、地理环境和植被种类有关,这使得同一种森林火险气象指数的实用效果在不同区域产生差异。

(3)森林热源点三维地理环境展示与扩展应用系统通过 Cesium 三维引擎,以高分卫星影像或在线地图服务为底图搭建三维地图展示平台,引入地势高程、路网、水系等相关地理数据,实现森林热源点在三维地形图上的高精度展示,并可查看周围地形及地理信息。结合气象资料,获取热源点周边的风向数据,将火源上风口设置为低风险区,下风口设置为高风险区,并通过三维几何绘图功能绘制风险区,绘制样式可根据用户需求进行多样化设置。

第 5 章
水体湿地生态气象

5.1 贵州湿地概况

森林、海洋、湿地并称为三大生态系统。湿地被称为"地球之肾""生命之源""天然水库"和"天然物种基因库"。《湿地公约》中定义:湿地是指天然的或人工的、长久或暂时的沼泽地、泥炭地及水域地带,带有静止或流动的淡水、半咸水及咸水水体,包括低潮时水深不超过 6 m 的海域。湿地包括多种类型,珊瑚礁、滩涂、红树林、湖泊、河流、河口、沼泽、水库、池塘、水稻田等都属于湿地。

湿地广泛分布于世界各地,是地球上生物多样性丰富和生产力较高的生态系统。湿地具有涵养水源、净化水质、调蓄洪水、控制土壤侵蚀、补充地下水、美化环境、调节气候和维持碳循环等极为重要的生态功能。

贵州省地处长江、珠江上游,河流众多,湿地类型丰富。贵州省内湿地类型多以线性河流湿地、湖泊湿地、沼泽湿地及人工湿地等为主。除稻田以外的湿地仅占全省土地面积的 1.19%。由于特殊的地质条件和优良的气候环境,湿地小生境极为丰富,为众多的湿地生物提供了栖息环境。

5.1.1 贵州省湿地资源现状

根据国家林草局统一部署开展的第二次湿地资源调查结果,贵州省湿地调查总面积 20.97 万 hm²,占全省土地面积的 1.19%,湿地保护率 26.53%。近年来,经过全省上下推进湿地资源保护,组织开展退化湿地修复,2019 年全省湿地保护率达到 51.53%,较第二次湿地资源调查时的 26.53%增加 25 个百分点。全省国家重要湿地有 2 个,草海和红枫湖国家湿地,面积 151.8 km²,占全省土地面积 0.09%。国家湿地公园 37 个,面积 592.81 km²,占全省土地面积 0.334%(韦汉渝,2017;贵州省湿地保护中心,2015)。

贵州省内湿地类型多以线性河流湿地、湖泊湿地、沼泽湿地(藓类沼泽、灌丛沼泽、草本沼泽、森林沼泽和喀斯特森林沼泽)及人工湿地等为主(何婧,2016)。其主要特点是湿地类型多样,斑块面积小;永久性河流湿地占比大,生态地位重要;喀斯特溶洞湿地分布广泛;河流库塘湿地众多;湖泊沼泽湿地少,但生态价值突出;湿地生物多样性丰富。

河流湿地。河流湿地包括永久性河流、季节性或间歇性河流、洪泛平原湿地和喀斯特溶洞湿地,其中喀斯特溶洞湿地是贵州特色。永久性河流湿地面积是 13.54 万 hm²,占河流湿地面积的 98%。贵州境内 10 km 以上的河流共 984 条,河网密度为每平方千米河长 17.1 km。按河流流域面积划分,1 万 km² 以上的河流有乌江、六冲河、清水河、赤水河、北盘江、红水河(包括上源南盘江)、都柳江 7 条。季节性或间歇性河流湿地面积 0.2 万 hm²,占河流湿地面积的 1.45%,洪泛平原湿地 0.07 万 hm²,占河流湿地面积的 0.54%,喀斯特溶洞湿地 17.83 hm²,占河流湿地面积的 0.01%。

湖泊湿地。境内湖泊 76 个,总面积为 0.25 万 hm²,主要为永久性淡水湖和季节性淡水湖,主要分布在省境西部和西南部,集中于毕节地区和黔西南自治州,以毕节市的威宁中部、黔西西南部、大方西部、黔西南州的安龙和兴义北部分布较多。其中最大的湖泊为威宁草海,面积约 25 km²,是贵州省主要的候鸟越冬地。季节性淡水湖最大的为贞丰的年海子,面积为 2 km²,堰塞湖以习水县的天鹅池和剑河县的雷打塘较为典型。

沼泽湿地。沼泽湿地包括蕨类沼泽、草本沼泽、灌丛沼泽、森林沼泽、沼泽化草甸。贵州的沼泽湿地较少,面积 1.1 万 hm²,草本沼泽湿地主要分布在赫章县,约 775 万 m²。藓类沼泽以中东部宽缓的背斜山岭及断块山地顶部最为常见,如六盘水娘娘山、梵净山九龙池、雷公山雷公坪、独山县猴儿山顶等,近 25 万 m²。

森林沼泽主要在荔波茂兰国家自然保护区的板寨白鹇山、四方洞一带,是喀斯特原始自然生态系统的一种独特的湿地类型。喀斯特森林中部分地表有裂隙发育,而裂隙又不断被枯枝落叶垫积、堵塞,促使大气降水不能迅速全部下渗,停留在裂隙和枯枝落叶层的孔隙中形成森林滞留水,从而形成沼泽。

人工湿地。主要包括池塘及鱼塘、小蓄水池、水稻田、季节性泛洪农业用地、水库及拦河坝区、烧砖取土积水坑、灌溉渠道等。

水库湿地。在全省分布甚广。境内修建有 2648 座水库(电站),总库容 464.69 亿 m³,其中大型水库有乌江渡、红枫、百花、夜郎湖、东风、鲁布格、观音岩等共 25 座;中型水库 153 座,小型水库 2470 座。

稻田湿地。稻田面积 75.22 万 hm²,占全省耕地面积的 42.86%,占全省总面积的 8.8%,分布多集中在东部,其次是中部、北部和南北,西北部最少。其中梯田的分布十分广泛。

塘坝湿地。境内池塘、鱼塘及小蓄水池遍布各地,池塘 1950 多处,总面积 3413.4 万 m²,主要分布于贵阳、遵义、凯里、铜仁等城郊工矿区及各县城关周围蔬菜地,其中贵阳有池塘 292.8 万 m²。全省山塘有 26350 多口,总面积 6700 万 m²,以及众多的拦河坝、景观蓄水区,如贵阳的黔灵湖和安龙的招堤,均形成了相应的不同类型的湿地。

5.1.2 湿地保护

地形与气候差异造成了贵州湿地资源区域分布、自然演化规律和湿地类型的差异。根据全省湿地类型与分布特点,全省湿地划分为 5 个分区:黔西高原水源涵养湿地区、黔中丘原饮用水源保护湿地区、黔北山地生物多样性保护湿地区、黔东低山丘陵水土保持湿地区、黔南岩溶山地地下水水源保护湿地区。

贵州省已建立各级湿地类自然保护区或与湿地相关的自然保护区 20 处,其中国家级 11 个。截至 2019 年共建成湿地公园 54 个(其中:国家湿地公园 45 个,省级湿地公园 4 个,市级湿地公园 5 个)。另外还有 2 处国家城市湿地公园,分别为贵阳花溪城市湿地公园和贵阳红枫湖-百花湖城市湿地公园。湿地保护作为生态文明建设的重要组成部分,按照目前初步规划,在"十四五"时期,贵州省湿地保有量将稳定在 20.97 万 hm² 以上,湿地保护率提升到 55% 以上,在现有基础上提高 5 个百分点。

下面介绍针对威宁草海和两湖一库开展的生态气象监测与评估工作。

5.2 威宁草海湿地监测评估

威宁草海国家级自然保护区位于云贵高原中部顶端的乌蒙山麓腹地,地处贵州省西北边缘威宁县城西南隅(图 5.1),地理坐标为北纬 26°47′32″～26°52′52″,东经 104°10′16″～104°20′40″,中心湖区东西长约 9 km,南北宽约 4 km,海拔 2171 m。气候为亚热带湿润季风气候,夏季凉爽湿润,冬季温暖干燥。当地年平均气温为 10.6 ℃,年总降水量平均值约为 950.9 mm,相对湿度为 79%。由于草海湖盆开阔、湖水浅、光照充足,生物多样性极为丰富,栖息着 100 多种珍奇水鸟,也是中国特有的高原候鸟黑颈鹤的越冬地,素有"鸟的王国"之称,成为我国重要的生物多样性保护区域之一,也是湿地保护区科学研究的重要基地。草海湿地及其流域生态系统是中国西南地区极其重要的高原湿地生态系统,对西南地区气候变化、区域生态安全以及社区经济发展都有重要影响。

图 5.1 威宁草海湿地保护区

威宁草海湿地监测评估主要包括对草海水体面积监测、水体水质遥感监测、湖盆植被监测以及鸟类栖息地监测等。数据源包括高分系列卫星影像数据、Landsat 影像数据以及哨兵影像数据等,实地监测数据 2018—2019 年草海中部垂线水质 19 号和草海羊关山垂线水质 20 号坐标的叶绿素 a 数据。

5.2.1 草海湿地水体面积监测

(1)水体面积监测原理

利用遥感和地理信息系统软件 ENVI 和影像处理软件 ArcGIS 等,方法包括归一化水体指数、分类及人工目视解译等。

图 5.2 所示为典型地物波谱曲线图,从图中可以看出,相对于其他地物而言,水体在整个光谱范围内都呈现出较弱的反射率,在近红外、中红外和短红外范围,水体几乎吸收了全部的入射能量,因而水体在这些波段的反射率都非常低。

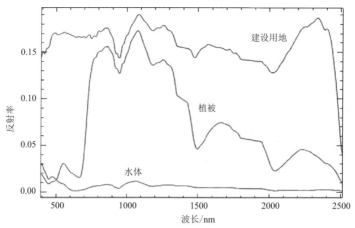

图 5.2　典型地物波谱曲线图

根据水体光谱特征,Mcfeeters(1996)提出了归一化水体指数 NDWI 模型:

$$NDWI = (Green - NIR)/(Green + NIR) \tag{5.1}$$

式中,Green 代表绿波段;NIR 代表近红外波段。

基于 NDWI 模型,本研究利用 GF-1 多光谱影像数据对草海湿地面积进行提取。草海湿地监测评估业务产品的制作与发布流程如图 5.3 所示。

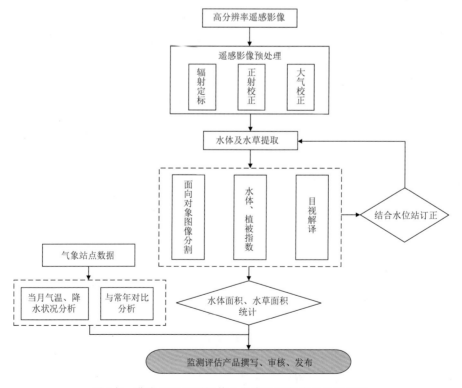

图 5.3　草海湿地监测评估业务产品的制作与发布流程

（2）水体面积监测结果分析

草海 1986 年 4 月、1990 年 1 月、1995 年 12 月、2000 年 1 月、2005 年 2 月、2010 年 2 月、2015 年 11 月、2019 年 12 月的水域边界信息如图 5.4 所示。

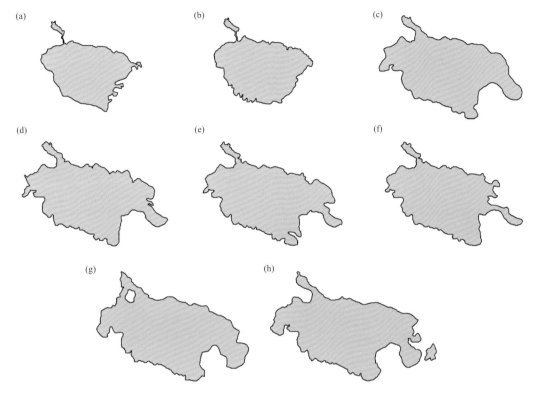

图 5.4 　1986—2019 年草海水域提取结果

(a)1986 年 4 月；(b)1990 年 1 月；(c)1995 年 12 月；(d)2000 年 1 月；(e)2005 年 2 月；(f)2010 年 2 月；
(g)2015 年 11 月；(h)2019 年 12 月

为定量分析草海的水域面积变化情况，利用 ArcGIS 处理软件对提取的水域矢量边界加载投影信息并计算水域范围大小，得出草海 1986 年、1990 年、1995 年、2000 年、2005 年、2010 年、2015 年、2019 年水域面积（图 5.5）分别为 15.45 km²、16.64 km²、26.27 km²、25.84 km²、24.85 km²、23.15 km²、29.76 km²、29.91 km²。

5.2.2 　草海湿地水体水质监测评估

（1）水质反演原理

水体水质的卫星遥感反演是基于 432 假彩色波段合成，因水体的反射主要在蓝绿光波段，其他波段吸收都很强，特别是近红外波段，在 432 标准假彩色影像上正常水库水体呈蓝偏黑色。

对卫星遥感反演的结果进行归一化处理，将每个水体水质反演值归一到（0,1）之间的一个数值。在进行归一化之前，进行奇异值去除处理。对进行归一化处理后的分布进行分析，得出草海叶绿素 a、悬浮物浓度和透明度的变化特征。归一化处理的公式如式（5.2）所示：

$$归一化值 ＝（水质反演值 － 最小值）/（最大值 － 最小值）\qquad (5.2)$$

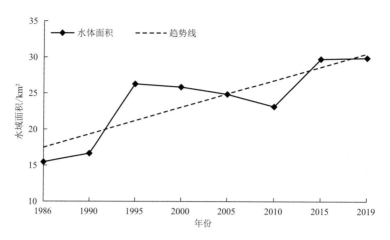

图 5.5　1986—2019 年草海水域面积变化图

针对 GF-1 多光谱传感器影像数据,采用以下叶绿素 a 浓度的反演模型(式(5.3)):

$$C_{\text{chl-a}} = 4.089(b_4/b_3)^2 - 0.746(b_4/b_3) + 29.733 \tag{5.3}$$

式中,$C_{\text{chl-a}}$ 为叶绿素 a 的浓度(mg /m³);b_3 和 b_4 分别为 GF-1 WFV2 图像经过辐射校正和大气校正后的第 3 波段和第 4 波段图像像元亮度值。

悬浮物浓度的反演模型如式(5.4)所示:

$$\text{CTSS} = 119.62(b_3/b_2)6.0823 \tag{5.4}$$

式中,CTSS 为总悬浮物浓度(mg /L);b_2 和 b_3 分别为 GF-1 图像经过辐射校正和大气校正后的第 2 波段和第 3 波段图像像元亮度值。

透明度反演模型如下:

$$Z_{\text{sd}} = 284.15 \times \text{CTSS}^{-0.67} \tag{5.5}$$

式中,Z_{sd} 为透明度(cm)。

水质反演的技术路线如图 5.6 所示。

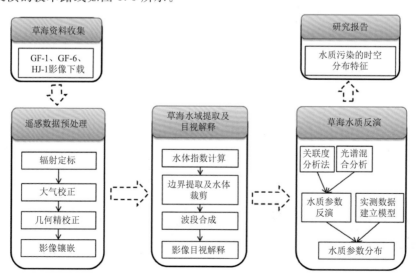

图 5.6　水体水质反演的关键技术路线

（2）监测点水质遥感与监测对比分析

根据 2018—2019 年毕节市草海中部垂线水质 19 号和草海羊关山垂线水质 20 号坐标的叶绿素 a 数据与基于卫星遥感技术反演的叶绿素 a 进行对比分析，可得出如图 5.7 所示的不同季节的对比图。从图中可以看出，春季、夏季、秋季的卫星遥感反演值大于实际监测值，冬季相反。

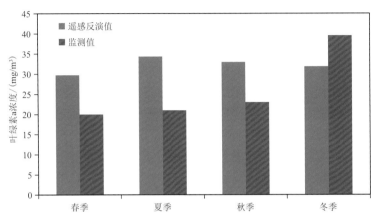

图 5.7　不同季节遥感反演值与监测值对比

（3）草海水体水质遥感监测

以 2022 年 1—5 月为例，进行威宁草海水体水质的遥感监测评估分析。

叶绿素 a 含量的高低与水体中藻类的种类和数量密切相关，浓度大小在一定程度上反映了水体富营养化的程度。基于高分影像数据估算 2022 年 1—5 月草海水体叶绿素 a 水质参数，由图 5.8 可知，草海叶绿素 a 浓度的分布特征为边界区域高于中心，东部高于西部。2022年 1—2 月叶绿素 a 浓度总体较低且变化不大，90％以上区域浓度值在 20～45 mg/m³ 之间。3 月，叶绿素 a 浓度在 30～45 mg/m³ 之间的区域有所增加。4 月，草海东部及东南部叶绿素 a 浓度达 70 mg/m³ 以上的水体增加明显。5 月，叶绿素 a 高浓度（≥100 mg/m³）区域面积虽较上月有所减少，但中部叶绿素 a 浓度有所升高，总体上 90％以上区域处于低浓度区间，即 20～45 mg/m³。

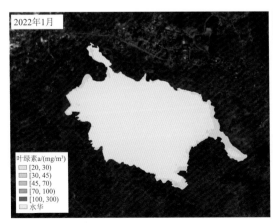

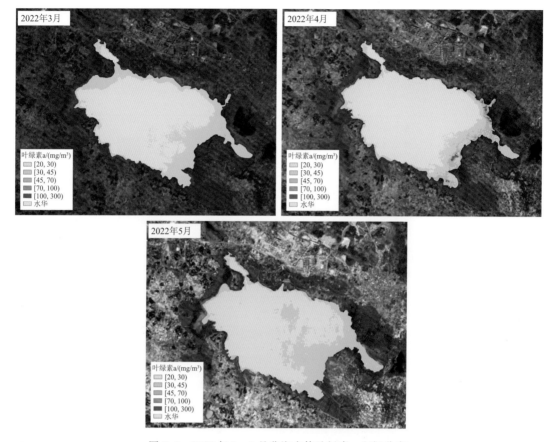

图 5.8　2022 年 1—5 月草海水体叶绿素 a 空间分布

　　悬浮物是指悬浮在水中的固体物质，是水环境质量检测的重要参数之一，其浓度的大小影响着水体的初级生产力和生物量。悬浮度即水中悬浮物含量，通过高分影像波段计算获取 2022 年 1—5 月草海水体悬浮度。从图 5.9 可知，2022 年 1—5 月草海悬浮度时空变化差异较大，高值区主要集中在草海水域边界以及东部入水口一带，1 月、2 月、4 月中心区域悬浮物保持低值状态，主要在 30 mg/L 以下。3 月，草海水体悬浮度总体较上月有所升高，主要在 30~150 mg/L

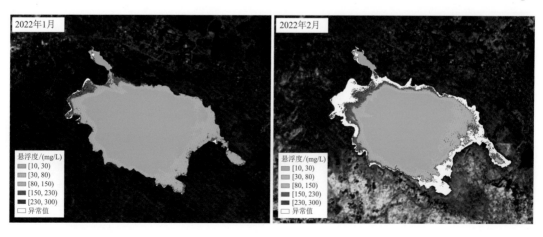

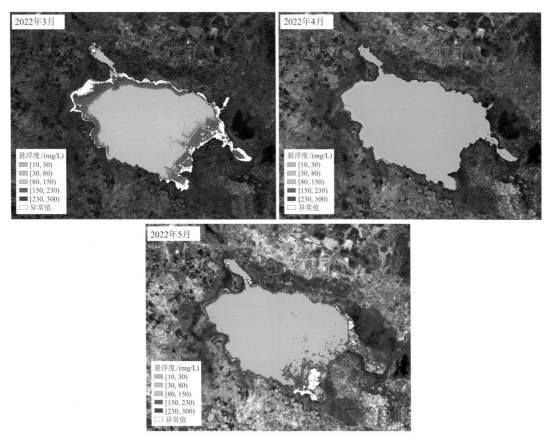

图 5.9　2022 年 1—5 月草海水体悬浮度空间分布

之间。4 月,水体质量有所改善,85% 以上区域悬浮度降低至 30 mg/L。5 月草海水体悬浮度总体上较上月明显增加,主要在 30~150 mg/L 之间,部分区域超过 230 mg/L。

透明度即透光的程度,是描述水体光学特性的基本参数之一,与水体中的悬浮物、叶绿素、黄色物质的含量和成分密切相关。透明度可基于悬浮度结果进一步计算获得,将其分为低、中低、一般、中高、高 5 个等级。如图 5.10 所示,2022 年 1—5 月草海水体透明度呈先降低再升

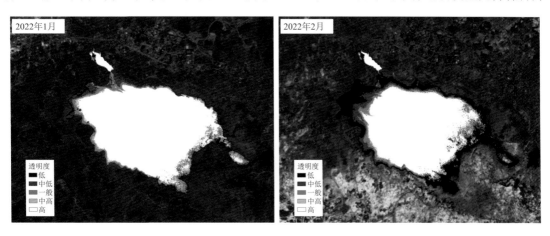

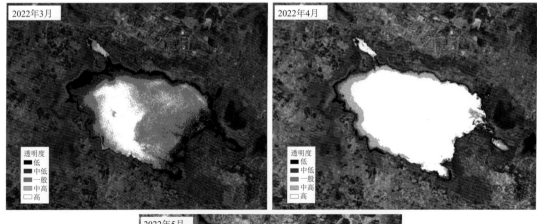

图 5.10　2022 年 1—5 月草海水体透明度空间分布

高趋势。其中,1 月水体透明度基本保持在中高及以上,2 月透明度中低以下区域较多,主要分布在东南部和西北部。3 月高透明度区域集中在中西部及南部局地,但总体上透明度较上月呈降低趋势,且东部最为明显。4—5 月草海大部分水体透明度增加。

5.2.3　草海湖盆植被季节性变化分析

植被对生态环境变化有重要影响,特别是在碳循环中起着关键性作用。随着局地植被精细化监测要求的提高,传统中低分辨率遥感植被监测方式已经很难满足需求,而高分辨率卫星具有高空间分辨率优势,可以对植被进行更精细的遥感监测。因此,本研究利用高分卫星数据和多光谱无人机技术,获得精细化的草海植被类型、种类分布矢量数据集,进而分析湖盆区植被覆盖状况、长势等,重点观测区域如图 5.11 所示。

分别选用 2021 年 9 月 29 日(秋季)、2022 年 1 月 30 日(冬季)、2022 年 4 月 13 日(春季)、2022 年 7 月 16 日(夏季)的 GF-1 卫星 16 m 影像来反演草海 2021—2022 年四个季节的 NDVI,将 NDVI 分为小于 0、0~0.150、0.151~0.300、0.301~0.450、0.451~0.600、大于 0.600 六个级别,绘制空间分布图如图 5.12 所示。

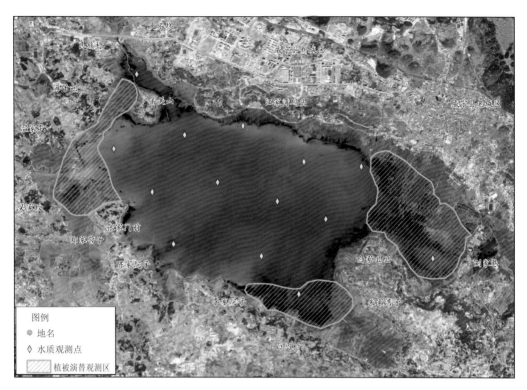

图 5.11　草海湖盆植被观测重点区域分布图

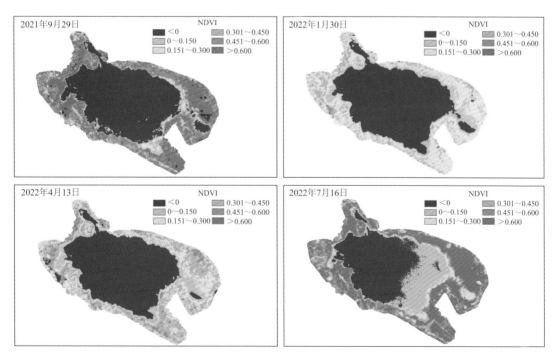

图 5.12　2021—2022 年四季 NDVI 反演结果

监测结果显示：草海湖盆植被 NDVI 平均值夏季最高，为 0.34，秋季次之，为 0.18，春季和冬季的 NDVI 均值显著下降，分别为 0.05 和 0.03。从标准差值来看，秋季植被长势波动最大，为 0.37，夏季次之，为 0.27，春季和冬季标准差值相仿，分别为 0.25 和 0.24，植被长势差异最小，表明秋季湖盆植被长势开始大幅下降，入冬后植被 NDVI 均值下降到最低值，春季出现复苏趋势，夏季湖盆植被长势最佳（表 5.1，图 5.13）。

表 5.1   2021—2022 年四季植被变化状况统计表

时间(年-月-日)	2021-09-29	2022-01-30	2022-04-13	2022-07-16
NDVI 均值	0.18	0.03	0.05	0.34
标准差	0.37	0.24	0.25	0.27

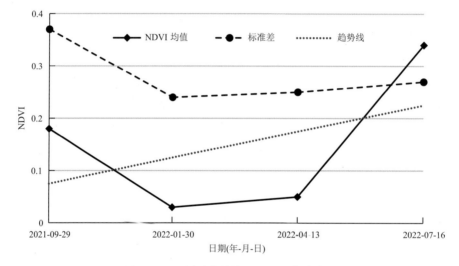

图 5.13   不同季节植被 NDVI 均值曲线图

5.2.4   鸟类主要栖息地"一张图"

草海自然保护区保护对象包括高原湿地生态系统及各种珍稀鸟类。以黑颈鹤为代表的珍稀鸟类主要分布在草海沿岸的羊关山、温家屯、浮叶林、王家院子、朱家湾、刘家巷和江家湾等地，具体分布情况如图 5.14 所示。

草海湖周被缓丘环抱成盆形，湖盆周围为沼泽湿地，其湿地生态系统由草海深水域、浅水沼泽和莎草湿地、草甸以及丰富水生生物群落组成，系统结构和功能完整，是黑颈鹤、斑头雁、白腹锦鸡等珍稀鸟类定栖的重要场所。图 5.15 为各个栖息地 3 月份的高分辨率遥感影像。

由影像图可见，草海各个栖息地植被覆盖度高，湖岸开阔，从侧面反映了近年草海"退城还湖、退村还湖、退耕还湖、治污净湖、造林涵湖"等综合治理的举措已取得较好的成效。优良的湿地环境更是创造了众多鸟类来此栖息的理想条件。

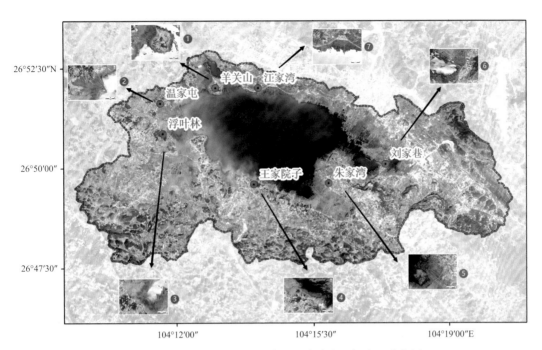

图 5.14 草海国家级自然保护区鸟类主要栖息地分布图

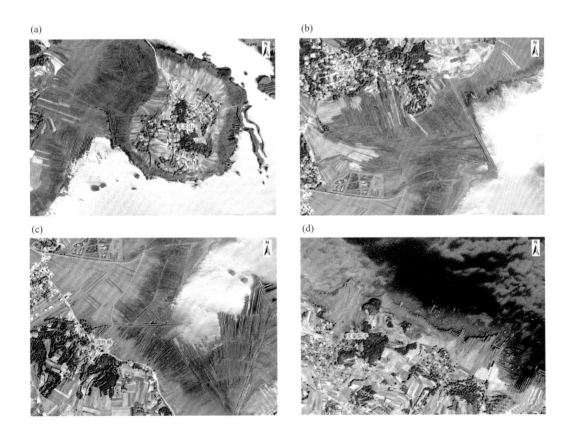

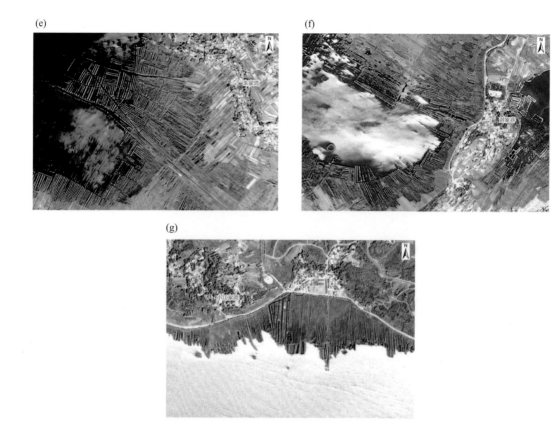

图 5.15　草海各鸟类栖息地 3 月高分辨率遥感影像
(a)草海羊关山;(b)草海温家屯;(c)草海浮叶林;(d)草海王家院子;(e)草海朱家湾;
(f)草海刘家巷;(g)草海小江家湾

5.3　贵阳市"两湖一库"监测

　　贵阳市红枫湖、百花湖及阿哈水库,简称"两湖一库",是贵阳市民珍贵的"三口水缸",作为贵阳市重要且不可替代的饮用水源及贵阳市建设生态文明城市的支撑地、样板地、标志地,因此对两湖一库的生态环境监测十分重要。

5.3.1　2001 年以来水体面积变化情况

　　基于 2001 年 11 月、2007 年 11 月、2013 年 11 月和 2018 年 11 月四景高分辨率卫星遥感数据,采用面向对象分类提取贵阳两湖一库水体面积。2001 年以来百花湖和阿哈水库水体面积总体呈逐步上升趋势,红枫湖水体面积波动较大(图 5.16):百花湖水体面积从 2001 年 9.6 km^2 增加至 2018 年 12.5 km^2;阿哈水库水体面积从 2001 年 3.6 km^2 增加至 2018 年 4.0 km^2;红枫湖水体面积 2007 年达 47.1 km^2,而 2013 年减少为 36.3 km^2,2018 年又恢复到 47.6 km^2;在不同年份两湖一库水中岛屿面积也存在变化。

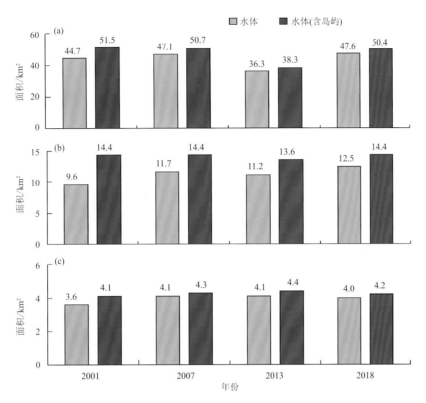

图 5.16　2001—2018 年两湖一库水体面积变化图
(a)红枫湖；(b)百花湖；(c)阿哈水库

5.3.2　2001 年以来植被覆盖度变化情况

基于 2018 年贵阳市两湖一库水体边界周围 1 km 范围，采用像元二分模型反演植被覆盖度。2001 年以来贵阳两湖一库植被覆盖度总体呈逐步上升趋势，百花湖周边植被覆盖度相对较高，红枫湖相对较低（图 5.17）：百花湖周边植被覆盖度从 2001 年 55.9% 增加至 2018 年 74.2%；阿哈水库从 2001 年 57.6% 增加至 2018 年 71.1%；红枫湖从 2001 年 41.5% 增加至 2018 年 63.7%。

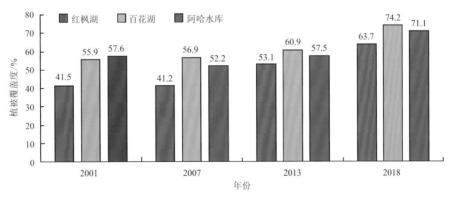

图 5.17　2001—2018 年两湖一库植被覆盖度变化图

2018年红枫湖水体面积为 47.6 km²,水库周边 1 km 范围植被覆盖度较高,均值为63.7%,覆盖度 20.0% 以下的面积占比仅 2.1%,覆盖度 80.0% 以上的面积占比 22.3%。红枫湖水库覆盖度较高的区域主要位于中东部,较低区域主要位于西部(图 5.18)。

图 5.18　2018 年红枫湖水体及周边植被覆盖度空间分布图

2018年百花湖水体面积为 12.5 km²,水库周边 1 km 范围植被覆盖度相对较高,均值为74.2%,覆盖度 20.0% 以下的面积占比仅 4.9%,覆盖度 80.0% 以上的面积占比 52.0%。百花湖水库周边东北、西南区域覆盖度相对较低,中部地区覆盖度较高(图 5.19)。

2018年阿哈水库水体面积为 4.0 km²,水库周边 1 km 范围植被覆盖度均值为 71.1%,覆盖度 20.0% 以下的面积占比 3.7%,覆盖度 80.0% 以上的面积占比 41.0%。阿哈水库周边北部和东南区域覆盖度相对较低(图 5.20,表 5.2)。

图 5.19　2018 年百花湖水体及周边植被覆盖度空间分布图

表 5.2　两湖一库周边植被覆盖度区间面积比例统计　%

面积比例	0～20%	20%～40%	40%～60%	60%～80%	80%～100%
红枫湖	2.10	9.19	28.68	37.74	22.29
百花湖	4.88	5.57	10.49	27.05	52.01
阿哈水库	3.71	7.23	12.14	35.90	41.03

5.3.3　红枫湖水质监测(以 2020 年秋季为例)

　　红枫湖作为贵阳市的重要饮用水源,全面准确掌握湖区水质情况尤为重要。本研究利用哨兵影像对红枫湖 2020 年秋季水质情况进行监测,对湖区的归一化叶绿素 a 值、归一化悬浮

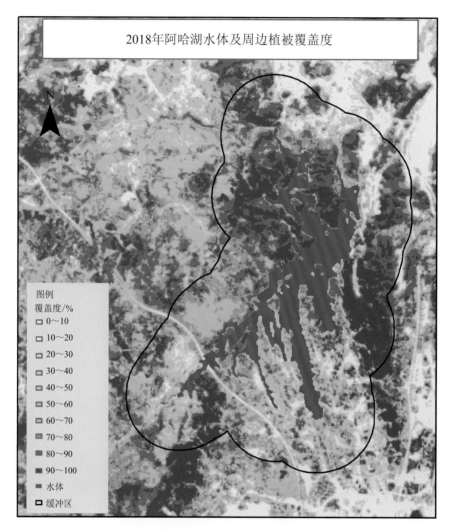

图 5.20　2018 年阿哈水库水体及周边植被覆盖度空间分布图

度值和归一化透明度值进行分析。

　　大部分湖区归一化叶绿素 a 值(图 5.21 左)在 0.40 以下,湖区边缘的叶绿素 a 值高于湖中心区域,西北部支流和西南部部分区域叶绿素 a 值在 0.61 以上,水质相对较差。湖区归一化悬浮度值(图 5.21 右)主要在 0.30 以下,南北主湖区的归一化悬浮度值在 0.20 以下,西北部和西南部小部分支流的归一化悬浮度值在 0.60 以上,水质相对较差。从湖区归一化透明度值监测图(图 5.22)可以看出,湖区归一化透明度值主要分布在 0.41～0.6 之间,水质整体较好;只有湖区西北部和南部部分边缘区域归一化透明度值在 0.20 以下,水质相对较差。

　　综合归一化叶绿素 a 值、归一化悬浮度值和归一化透明度值三个要素监测图可知,红枫湖主湖区水质总体较好,湖区西北部和南部部分边缘区域水质相对较差。

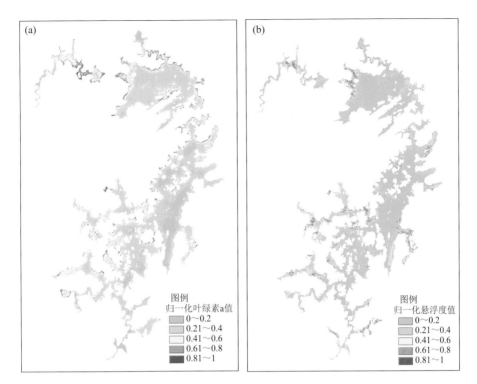

图 5.21　2020 年秋季红枫湖归一化叶绿素 a 值(a)和悬浮度值(b)监测图

图 5.22　2020 年秋季红枫湖归一化透明度值监测图

5.4 本章小结

本章介绍了贵州省湿地现状,针对威宁草海湿地,开展了水体面积、水体水质、湖盆植被以及鸟类主要栖息地的遥感监测评估,对于贵阳市重要水源地"两湖一库",分析了其水体面积以及周边植被覆盖度的变化情况,并以红枫湖 2020 年秋季为例,对其水质分布特征进行了分析。

(1)1986—2019 年期间威宁草海水域面积在 15.45～29.91 km² 之间,草海周边区域的叶绿素 a 浓度高于湖中心,东部高于西部,且春季、夏季、秋季的卫星遥感反演值大于实际检测值,冬季反之。悬浮度浓度的分布时空差异较大,高值区主要集中在草海水域的边界以及东部入水口一带;透明度的分布与透明度的分布基本一致。

(2)草海周边的湖盆植被 NDVI 平均值夏季最高,秋季次之,春季和冬季为低值;周边鸟类栖息地的植被覆盖度高,湖岸开阔,湿地环境优良。

(3)2001 年以来"两湖一库"周边的植被覆盖度总体呈上升趋势,百花湖周边植被覆盖度从 2001 年的 55.9% 增加至 74.2%,植被覆盖度最高;百花湖和阿哈水库面积总体呈逐步上升趋势,红枫湖水体面积波动较大。

(4)2020 年秋季红枫湖主湖区的水质总体较好。湖区边缘的叶绿素 a 浓度高于湖区中心区域,叶绿素 a、悬浮度和透明度在西北部和西南部区域的浓度较高,水质相对较差。

第6章
喀斯特石漠化生态气象

6.1 喀斯特石漠化遥感监测

喀斯特石漠化是我国西南地区生态建设中面临的重大生态顽疾,也是制约该区域经济可持续发展的主要因素之一。石漠化呈现出植被退化、土壤侵蚀、水土流失、基岩裸露等类似荒漠化的地表景观,是一种典型的动态的土地退化过程。治理喀斯特地区石漠化的关键就是快速准确地获取石漠化的分布。传统的石漠化调查方法周期很长,范围小;遥感技术具备大范围、综合性、动态性的对地观测能力,具有宏观、快捷、经济以及信息综合等优势,成为石漠化遥感信息提取不可或缺的手段。

近年来,喀斯特地区随着人口增长、社会经济发展,出现了一系列生态环境问题,喀斯特石漠化成为喀斯特地区所面临的最严重的生态环境问题。石漠化研究日益得到重视,目前,我国不少专家学者就石漠化的定义、分布、成因、生态环境影响和防治措施等方面作了大量的研究,取得了不少成果,为石漠化治理提供了有力的理论支持和实践经验。贵州是中国西南地区石漠化最严重的省份,其石漠化发展演变特征在一定程度上代表了中国石漠化发展演变规律。为全面掌握石漠化动态变化特征,特别是当前石漠化治理专项工程实施后石漠化的演变速度,基于遥感影像(图6.1和图6.2)综合运用"3S"(GIS(地理信息系统)、GPS(全球定位系统)、RS(遥感))技术对贵州省喀斯特石漠化动态变化特征进行分析研究,为中国西南地区石漠化治理提供决策参考。

(a)

(b)

贵州生态气象

图 6.1　不同等级石漠化卫星遥感图
(a)重度石漠化;(b)中度石漠化;(c)轻度石漠化;(d)潜在石漠化;(e)无石漠化

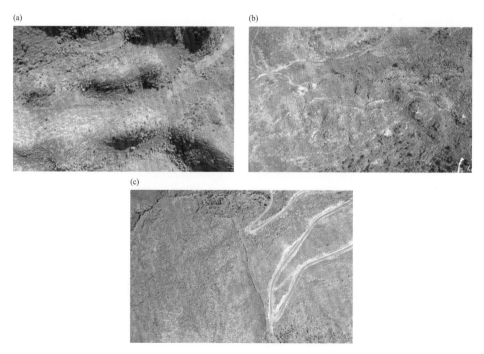

图 6.2　不同地区石漠化无人机航拍图
(a)黔南峰丛区石漠化;(b)花江峡谷区石漠化;(c)威宁牛栏江流域石漠化

6.1.1 石漠化遥感影像的获取

使用卫星遥感进行石漠化解译,首先要选择合适的遥感影像数据,应满足时空分辨率原则和时相性原则。贵州处于亚热带湿润季风气候区,雨季多阴云,图像质量不高,另外夏季植被生长旺盛,强烈反射红外光,波谱差异小,难以区分植被信息,而不同季节的植被对周围环境的影响较大,会产生一定色差。因此,在选取遥感影像时,首先注意遥感影像本身的质量,其次考虑时相性差异。

选取 Landsat 4-5 卫星 2009 年 TM 影像 17 景,空间分辨率为 30 m;GF-1 卫星 2019 年 WFV 影像 14 景,空间分辨率为 16 m。影像筛选的首要原则是将云量控制在 30% 以下。在进行石漠化遥感解译分析工作之前,需要对遥感影像数据进行辐射定标、大气校正、正射校正、图像镶嵌与裁剪等预处理,得到的全省拼接影像如图 6.3 所示。Landsat TM 遥感影像的黑边和异常值点应进行掩膜处理,否则会严重影响后期基岩裸露率参数的反演。

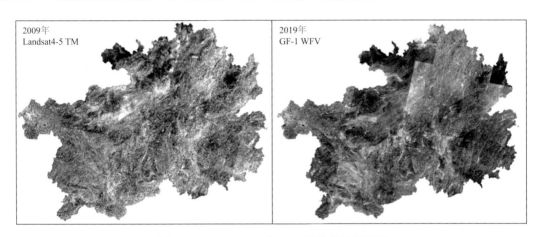

图 6.3 Landsat 4-5 及 GF-1 影像拼接效果图

6.1.2 石漠化遥感信息的提取

植被覆盖度是水土流失的抑制因素之一,覆盖度的高低决定着石漠化程度的强弱。植被覆盖度是植物群落覆盖地表状况的一个综合量化指标,反映了植被覆盖情况,植被覆盖度高的土地会减少水土流失。

计算植被覆盖度,首先要计算归一化差分植被指数(NDVI),NDVI 越大植被覆盖度越高,归一化差分植被指数是近红外波段与可见光红光波段的反射率之差与之和的比值,即:

$$\mathrm{NDVI} = (\mathrm{NIR} - R)/(\mathrm{NIR} + R) \tag{6.1}$$

$$\mathrm{FC} = (\mathrm{NDVI} - \mathrm{NDVI_{min}})/(\mathrm{NDVI_{max}} - \mathrm{NDVI_{min}}) \tag{6.2}$$

式中,NIR 为近红外波段反射率,R 为红外波段反射率,FC 为植被覆盖度,$\mathrm{NDVI_{min}}$ 为对应 5% 的覆盖度 NDVI 值,$\mathrm{NDVI_{max}}$ 为对应 95% 的覆盖度 NDVI 的值。

置信区间的选取主要依赖于 NDVI 实际的变化区间,可通过实地测量或经验法获取,较为通用的方法是选择 5%~95% 的区间为置信区间,可将大部分纯植被象元和纯非植被象元以及异常值过滤,本研究同样采取该方法进行计算,最终得到区域内 FC 分布图(图 6.4)。

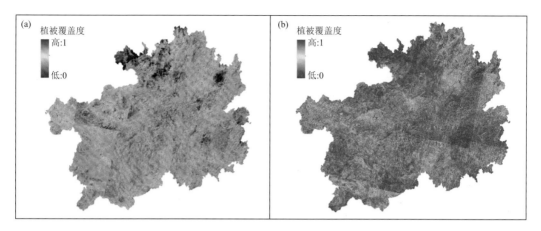

图 6.4 贵州省 2009 年(a)和 2019 年(b)植被覆盖度(FC)的分布图

岩石裸露作为石漠化地区最显著的特征,在石漠化信息的提取中有着至关重要的作用,研究采用遥感影像解译来获取研究区岩石裸露率。对于 Landsat 数据,近红外(TM$_4$)波段波长范围为 0.76~0.90 μm,记录地物的近红外波段反射信息;中红外(TM$_7$)波段波长范围为 2.08~2.35 μm,记录地物在中红外波段的反射信息,对岩石反应敏感。根据增强型植被指数的构建方法,基于近红外(TM$_4$)与中红外(TM$_7$)的归一化岩石指数 NDRI(Normalized Difference Rock Index),依据像元二分模型,1 个像元的 NDRI 值由裸露岩石信息和非裸露岩石信息两部分组成,利用 NDRI 计算岩石裸露率的公式为:

$$NDRI = TM_7/TM_4 \tag{6.3}$$
$$FR = (NDRI - NDRI_r)/(NDRI_r - NDRI_0) \tag{6.4}$$

式中,FR 为岩石裸露率,NDRI$_r$ 是全由裸露岩石组成时的 NDRI 值;NDRI$_0$ 是全无裸露岩石组成时的 NDRI 值。

当岩石裸露率最大值与最小值不能近似取 100% 和 0 时,需要利用实测数据进行检验。在没有实测数据时,取 NDRI$_r$ 和 NDRI$_0$ 为影像上给定置信度的置信区间内最大值 NDRI$_{max}$ 与最小值 NDRI$_{min}$,同样选择 5%~95% 的置信区间(图 6.5a)。

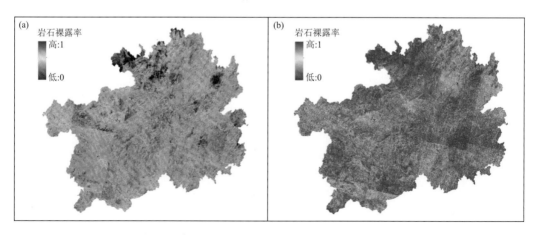

图 6.5 贵州省 2009 年(a)和 2019 年(b)岩石裸露率

对于 GF 系列数据,由于缺失短波红外波段,不能直接用该方法进行计算。由于石漠化程度和植被覆盖度直接相关,在缺少短波红外波段信息时,采用"岩石(土体)裸露程度＝1－植被覆盖度"的方法替代,植被覆盖度可直接从归一化差分植被指数中获取,因此,即可通过该方法得到 GF 系列数据的岩石裸露率(图 6.5b)。

6.1.3 石漠化分级评价及结果

科学评定石漠化的等级以及确定评价指标的量化标准是开展石漠化服务的需求。由于研究区覆盖范围、基岩组分以及自然、人为背景的差异,使得石漠化分级方案并不统一。现有的分级方法主要依据景观指标或生态基准面理论进行,其中各等级所选取的评价指标以及评价指标阈值也不尽相同。采用遥感技术进行石漠化信息提取,不仅要考虑到遥感技术的特点,还要结合石漠化监测、评价的应用需求来选择合理的分级及评价指标。

根据基岩裸露率划分出石漠化等级(表 6.1),石漠化评价方法参照《中国地质调查局工作标准 DD2004—02 区域环境地质调查总则》进行。

表 6.1　石漠化等级分区表

等级分区	裸露岩石面积比例	裸露岩石分布形状	植被情况
重度石漠化区	≥70%	面状	疏草、裸岩(土)
中度石漠化区	50%～<70%	线状＋面状	疏草＋疏灌
轻度石漠化区	30%～<50%	线状＋点状	乔草＋灌草
无石漠化区	<30%	点状＋线状	灌乔草

贵州省 2009 年石漠化区域等级评价结果如图 6.6 所示,2009 年全省岩溶地区石漠化土地面积 394.99 万 hm^2,占全省土地面积的 22.42%。其中,轻度石漠化土地面积 213.09 万 hm^2,

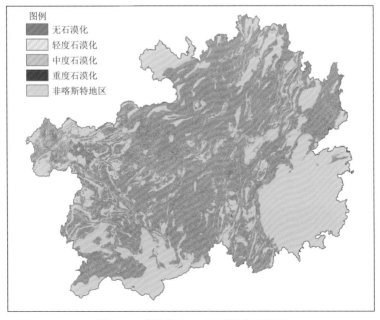

图 6.6　贵州省 2009 年石漠化分级图

占全省石漠化土地面积的 53.95%;中度石漠化土地面积 123.25 万 hm²,占 31.20%;重度石漠化土地面积 58.65 万 hm²,占 14.85%。各地州石漠化面积统计如图 6.7 所示。

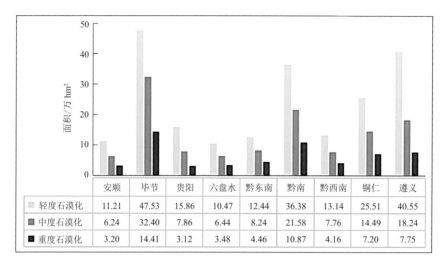

	安顺	毕节	贵阳	六盘水	黔东南	黔南	黔西南	铜仁	遵义
轻度石漠化	11.21	47.53	15.86	10.47	12.44	36.38	13.14	25.51	40.55
中度石漠化	6.24	32.40	7.86	6.44	8.24	21.58	7.76	14.49	18.24
重度石漠化	3.20	14.41	3.12	3.48	4.46	10.87	4.16	7.20	7.75

图 6.7　贵州省 2009 年石漠化分地区统计图表

贵州省 2019 年石漠化区域等级评价结果如图 6.8 所示。全省岩溶地区石漠化土地面积 356.24 万 hm²,占全省土地面积的 20.22%。其中,轻度石漠化土地面积 182.52 万 hm²,占全省石漠化土地面积的 51.24%;中度石漠化土地面积 126.61 万 hm²,占 35.54%;重度石漠化土地面积 47.11 万 hm²,占 13.22%。各地州石漠化面积统计如图 6.9 所示。

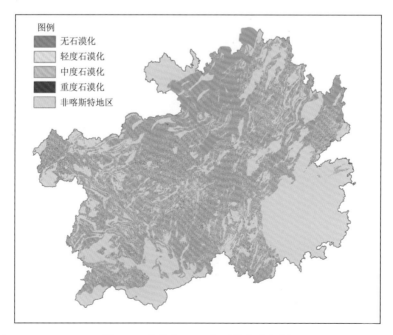

图 6.8　贵州省 2019 年石漠化分级图

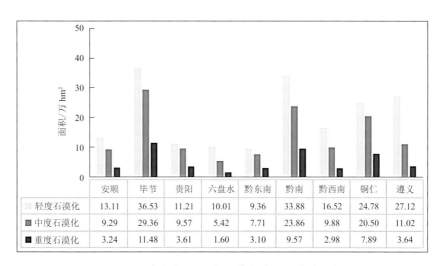

图 6.9　贵州省 2019 年石漠化分地区统计图表

	安顺	毕节	贵阳	六盘水	黔东南	黔南	黔西南	铜仁	遵义
轻度石漠化	13.11	36.53	11.21	10.01	9.36	33.88	16.52	24.78	27.12
中度石漠化	9.29	29.36	9.57	5.42	7.71	23.86	9.88	20.50	11.02
重度石漠化	3.24	11.48	3.61	1.60	3.10	9.57	2.98	7.89	3.64

6.2　石漠化区植被生态质量时空变化

近年来,以卫星遥感宏观、实时、动态的对地观测能力为代表的空间信息技术已被广泛应用于各种尺度的生态环境领域调查中。充分运用卫星数据产品,基于遥感技术对区域生态环境进行监测与评估,能够有利于开展多层次综合性定量生态监测保障服务(梁冬坡 等,2019)。贵州是典型的喀斯特地貌区,西南部石漠化现象严重,依托植被指数开展石漠化区植被生态质量时空变化监测,可为当地大区域石漠化治理改善提供科学参考。

6.2.1　石漠化区植被质量空间变化

植被覆盖度变化率、净初级生产力变化率为正值表示该地区植被增多、生态得到改善,为负值表示植被减少、环境趋于恶化。2000—2020 年全省石漠化区植被覆盖度变化以正值为主,植被覆盖增加区域占比为 98.69%(图 6.10),上升速率为 0.75%/a;98.20% 的石漠化区域植被净初级生产力呈增加趋势,增加速率为 8.69 gC/(m² · a)(图 6.11)。其中,西北部及南部地区植被覆盖度和净初级生产力改善明显,主要集中在黔南州、安顺市、六盘水市;石漠化区生态恶化区域分布较为分散,黔西南州、六盘水市、安顺市、黔东南州及贵阳市局部均有涉及。

植被生态改善指数为植被生态质量指数在一段时间内的变化趋势,该指数值为正值表示变好,负值表示变差,其绝对值表示变好或变差的快慢和程度。如图 6.12 所示,2000—2020 年全省 98.50% 的石漠化生态脆弱区植被生态质量改善指数为正值,植被生态质量以改善为主,81% 的石漠化区域植被改善指数达 0.5 以上,表示改善趋势明显,如安顺市、六盘水市、黔南州局地改善明显,平均每年植被生态质量指数达 0.75 以上。

6.2.2　石漠化区植被质量时间变化

植被生态质量指数(Q,计算方法见式(4.7))即以植被净初级生产力和植被覆盖度的综合指数来表示,其值越大,表明植被生态质量越好。2000 年以来全省石漠化区植被生态质量呈

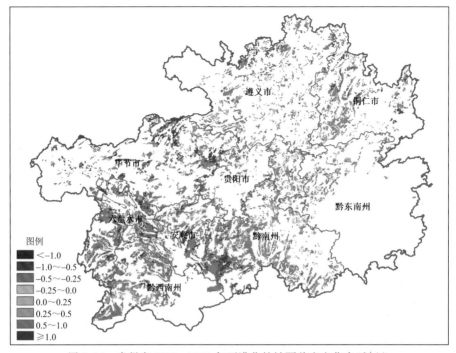

图 6.10　贵州省 2000—2020 年石漠化植被覆盖度变化率(％/a)

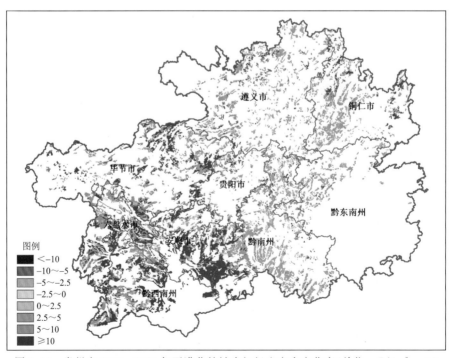

图 6.11　贵州省 2000—2020 年石漠化植被净初级生产力变化率(单位:gC/(m² · a))

明显上升趋势,生态质量得到改善。其中,2000—2009 年植被生态质量指数缓慢上升至 60 以上;2010—2012 年连续 3 a 植被生态指数保持在 60 以下;2013 年生态环境得到明显改善,植

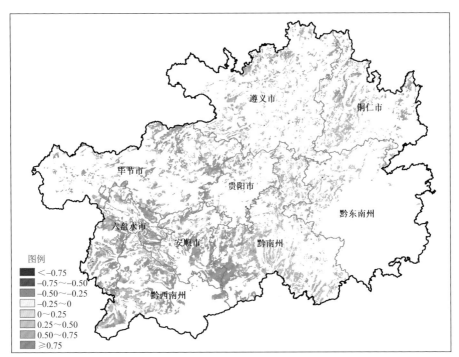

图 6.12　贵州省 2000—2020 年石漠化植被生态改善指数分布

被生态指数恢复至 64.58;2015—2020 年植被生态质量指数保持在 67 以上,2016 年、2019 年、2020 年均在 68 以上(图 6.13)。

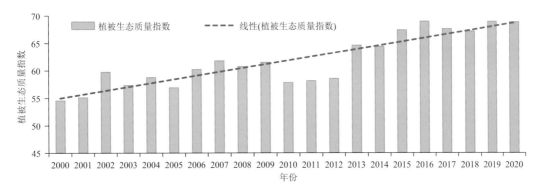

图 6.13　贵州省 2000—2020 年石漠化植被生态质量指数变化图

6.3　石漠化生态恢复气候贡献率

要了解气候变化对石漠化生态恢复的作用,首先应探明气象要素对石漠化区域植被生态状况的影响。NDVI 与植被生态质量指数(Q)能够表征一个区域的植被生态状况,选取不同气象要素与 NDVI 及 Q 分别计算相关系数,由于 MODIS 系列反演的 NDVI 及 Q 均为 2000 年以来数据,因此选取的气象要素也为 2000—2020 年,其要素包括年平均气温、年降水量、年日照时数。

6.3.1　气象要素与植被生态状况相关性

6.3.1.1　气象要素与 NDVI 的相关性

年平均气温与 NDVI 相关性(图 6.14a)整体上看以正相关为主,遵义中北部、铜仁西北部和六盘水南部等局部呈负相关,不同等级相关系数分布(图略)大致相同。

年降水量与 NDVI 相关性(图 6.14b)同样以正相关为主,但相关系数相比年平均气温要小,六盘水、毕节东部、遵义中部及南部和黔南北部等地区表现为负相关。不同等级相关系数分布(图略)大致相同,轻度石漠化区相关系数与整体区域分布相似,中度石漠化区的负相关性较轻度石漠化区相关系数小,重度石漠化区相关性较差,仅毕节中西部、黔西南南部、遵义西部、黔东南北部及铜仁南部等地表现为较高正相关性。

年日照时数与 NDVI 不同区域相关性差异较大(图 6.14c),毕节东西部、六盘水西南部、黔西南中南部、铜仁东部以及安顺、贵阳、黔南交界等地区呈正相关。而毕节中部和东南部、六盘水北部、贵阳西部、黔南东部及南部、遵义中部、铜仁中部及南部表现为负相关。不同等级相关系数分布(图略)相似,其中重度石漠化区的两者相关性总体较小。

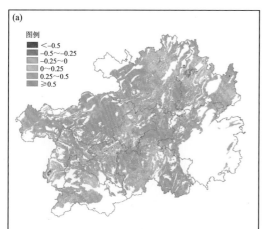
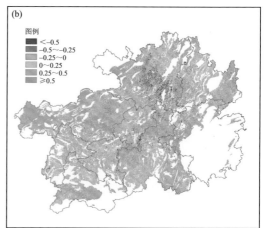
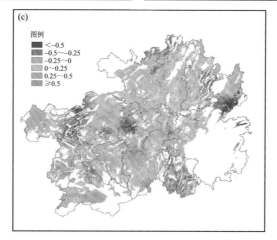

图 6.14　NDVI 与气象要素相关系数空间分布图

(a)年平均气温;(b)年降水量;(c)年日照时数

6.3.1.2　气象要素与植被生态质量指数的相关性

从气象要素与 Q 的相关系数分布情况(图 6.15)来看,两者的相关性与气象要素与 NDVI 的相关性分布基本相似,其中年降水量及年日照时数与 Q 的相关性略弱于与 NDVI 的相关性,特别是负相关区,相关系数多在 -0.5 以内。

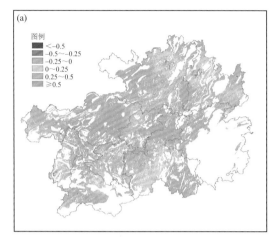
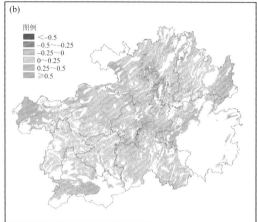

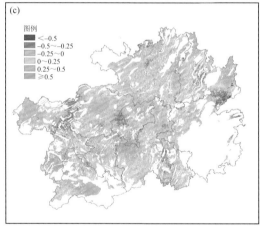

图 6.15　气象要素与 Q 相关系数空间分布图
(a)年平均气温;(b)年降水量;(c)年日照时数

6.3.2　近 10 a 来气象要素对石漠化区域的影响分析

基于 2009 年和 2019 年的石漠化程度,将贵州省内石漠化区域分为变好区域和变差区域,计算 2010—2019 年不同石漠化变化区域各气象要素的变率分布,结合各要素相关系数,分析近 10 a 来气象要素对石漠化区域的影响情况。

6.3.2.1　年平均气温

从石漠化程度变好区域与变差区域近 10 a 来年平均气温的变率分布来看(图 6.16),变好区域整体而言全省大部分地区近 10 a 来气温呈升高趋势,其中六盘水大部、毕节东部、遵义西南部、贵阳、安顺与黔南州交界一带、黔南东南部、铜仁南部及黔东南西北部气温升高趋势明显。遵义中北部、铜仁北部、贵阳北部局部、黔南州中南部及黔西南州东北部局部略微下降,但趋势很弱。石漠化变差区域少且分布较散,气温变率分布相似于变好区域。

结合植被生态状况与气温的相关性来看,整体相关性以正相关为主,表明大部分区域近10 a来气温的升高有助于植被生态的改善,对石漠化的恢复起到促进作用。而遵义中北部、铜仁西北部等局部区域的植被生态质量与年平均气温呈负相关,气温略有下降但趋势不明显,表明气温对石漠化的改善作用不显著。

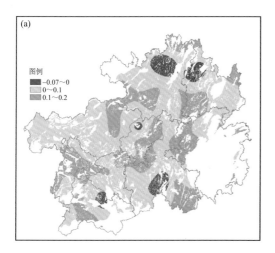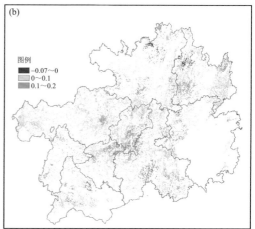

图 6.16　2010—2019 年石漠化区年平均气温变率分布(单位:℃/a)
(a)变好区;(b)变差区

6.3.2.2　年降水量

从降水量的变率分布来看(图 6.17),石漠化变好区域降水量变率以增加为主,特别是毕节中部和东南部、六盘水东部、黔西南北部和南部、安顺东北部和西南部、贵阳东部和南部、黔南北部和东南部、黔东南西部、遵义西部和东北部以及铜仁西北边缘等局部降水量增加显著。毕节西部、黔南南部、遵义和铜仁的中南部等局地表现为减少,但趋势较弱。石漠化变差区域

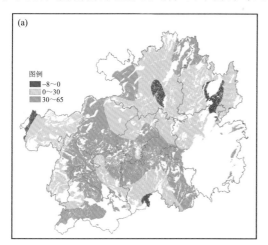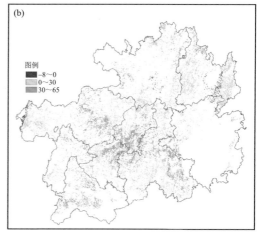

图 6.17　2010—2019 年石漠化区年降水量变率分布(单位:mm/a)
(a)变好区;(b)变差区

的年降水量变率与变好区域相似。

结合与植被生态状况的相关性来看,整体以正相关为主,表明全省大部分地区近 10 a 来降水量的增加有助于植被生态的改善,对石漠化的恢复起促进作用。而遵义的中部和南部、黔南北部等局地的植被生态质量与年降水量呈负相关,降水量增加或减少的趋势不明显,对石漠化的恢复所起的改善作用不显著。

6.3.2.3 年日照时数

日照时数的变率分布情况如图 6.18 所示,毕节大部、六盘水中部和北部、安顺大部、遵义中部和南部、黔南北部和东南部、黔东南西部、铜仁中部和南部、贵阳和黔西南局地等地区,年日照时数表现为减少。毕节东北部、六盘水南部、黔西南中部和南部、黔南大部、贵阳北部和南部、遵义东部和西南部、铜仁西北部和东部等区域,年日照时数增多,其中铜仁东部边缘、黔西南局地增多的趋势明显。石漠化变差区域年日照时数的变率相比于变好区域分布增多或减少的变化不明显。

结合植被生态状况与年日照时数的相关性分析,相关系数负值区与日照时数的减少有较好的对应,即毕节中部和东南部、六盘水东北部、贵阳西部、黔南东南部、遵义中部、铜仁中部和南部等地区日照时数的减少有助于植被生态质量的改善,对石漠化区植被的恢复起促进作用。

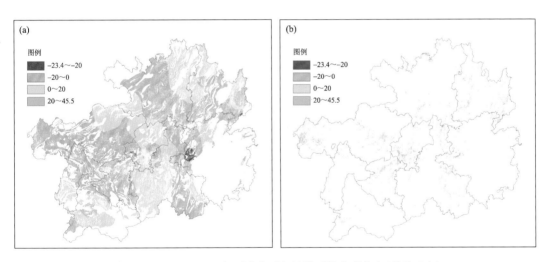

图 6.18　2010—2019 年石漠化区年日照时数变率分布(单位:h/a)
(a)变好区;(b)变差区

6.3.2.4　代表性区域分析

为更好地了解人工干预与自然恢复情况下石漠化区域植被生态质量的变化情况,选取两个代表区域进行对比分析,其中安顺为石漠化工程投入较大区域,荔波则为自然演变区,对比两个区域石漠化的演变情况及气候效应影响,以此反映治理工程与自然演变对石漠化演变的影响。

(1)安顺市石漠化区变化特征及其气候效应分析

图 6.19 为安顺市的石漠化区的变化特征,可以看出安顺市的石漠化区呈明显的变好趋势。变好区域占比 85%,变差区域占比 14.50%,主要分布在安顺北部。

安顺市年平均气温变率(图 6.20a)在石漠化变好区域基本呈正值,也即 2010—2019 年期

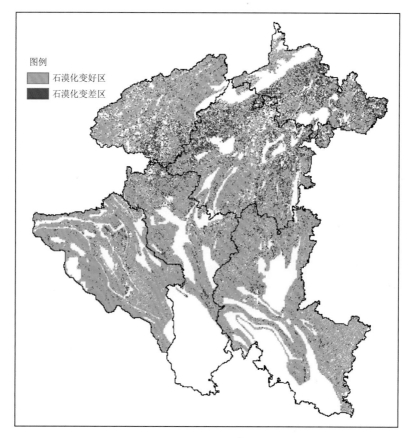

图 6.19 安顺市石漠化变化区

间年平均气温随时间逐渐增加。变率分布介于 0.1～1 ℃/10 a 之间。年降水量变率
(图 6.20b)在石漠化变好区为正值分布,即年降水量随时间变化逐渐增加,变率分布介于
160～540 mm/10 a 之间,高值区位于安顺东北部和西部一带。2010—2019 年年日照时数变
率(图 6.20c)介于−180～60 h/10 a 之间,关岭中部、普定中南部、安顺市西北部、平坝县南部
为变率正值区,年日照时数呈增多趋势,其他区域为年日照时数变率的负值区。

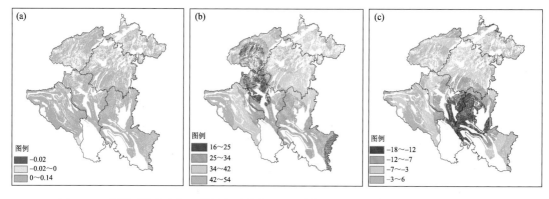

图 6.20 安顺石漠化变好区域的年平均气温(a,单位:℃/a)、年降水量(b,单位:mm/a)、
年日照时数(c,单位:h/a)变率分布

（2）荔波县石漠化区变化特征及其气候效应分析

图 6.21 为荔波县的石漠化区的变化特征,从中可以看出荔波县的石漠化区呈明显的变好趋势。变好区域占比 91.70%,变差区域占比 8.30%,分布零星破碎。

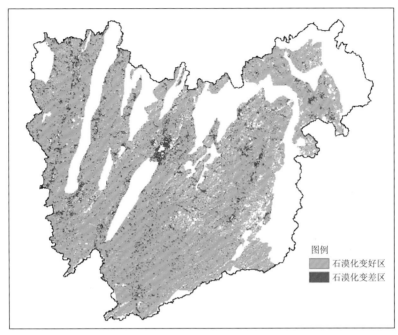

图 6.21　荔波县石漠化变化区

荔波年平均气温变率(图 6.22a)在石漠化变好区域基本呈正值,也即 2010—2019 年期间年平均气温随时间逐渐升高。近 20 a(2001—2020 年)气温浮动较大,变率分布介于 1～2 ℃/10 a之间。年降水量变率(图 6.22b)在石漠化变好区为正值分布,即年降水量随时间变化逐渐增加,变率分布介于 230～560 mm/10 a 之间,变率分布从西南向东北逐渐增加。2010—2019 年年日照时数变率(图 6.22c)与年降水量变率的分布相似,从西南向东北逐渐降低,变率介于−140～50 h/10 a 之间,荔波东北部为年日照时数变率正值区,呈增多趋势,其他区域为年日照时数变率负值区,其中荔波南部和西部为年日照时数变率的负值高值区。

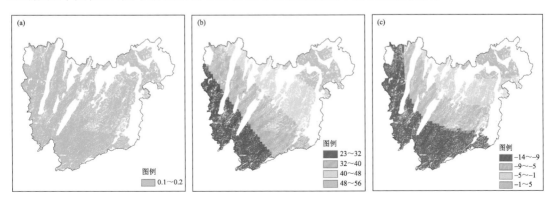

图 6.22　荔波石漠化变好区域的年平均气温(a,单位:℃/a)、年降水量(b,单位:mm/a)、
年日照时数(c,单位:h/a)变率分布

（3）气象因素与治理工程影响分析

安顺石漠化区域分布较多，人类治理程度较大，荔波人类治理活动相对较少，因此选取安顺市和荔波县作为两个对比区域，分析各个气象要素影响在石漠化变率中所占的比重，以分析气象要素及人工治理对石漠化演变的影响，计算公式如下：

$$I = \frac{|\mathrm{Cov} \times 10R_c|}{R_g} \tag{6.5}$$

式中，I 为气象要素变率影响占石漠化等级变化的百分率，Cov 为该气象要素与植被质量指数相关系数，R_c 为气象要素年变率，$|\mathrm{Cov} \times 10R_c|$ 表征该要素 10 a 变率的影响大小，R_g 为近 10 a 石漠化等级变化（R_g 为负表示石漠化等级降低，反之则为升高），因此 $I < 0$，表示近 10 a 石漠化减小区域气象要素影响，$I > 0$ 则表示石漠化加重区域气象要素影响，绝对值越大，影响越大。

两个区域计算结果如表 6.2 所示，首先两区域各要素 I 均为负值，表明两区域石漠化整体均有所改善，而 I 绝对值越大则表示该要素气象要素的影响所占比例越大，对比可见，气温、降水的影响均是荔波大于安顺，而日照荔波虽略小，但差异不大，这表明安顺实行的治理工程确有成效。

表 6.2　2000—2019 年各气象要素变率影响占石漠化等级变化比例（区域平均值）

气象要素	安顺	荔波
年平均气温/（℃/10 a）	−0.138	−0.57
年降水量/（mm/10 a）	−19.29	−48.2
年日照时数/（h/10 a）	−7.81	−6.53

6.4　石漠化生态质量气候影响预估

6.4.1　未来气温的变化

运用 CMIP5 模式模拟了 RCP8.5、RCP4.5、RCP2.6 排放情景下（RCP：代表浓度路径，其中后面的数字表示到 2100 年辐射强迫水平 2.6 W/m² 到 8.5 W/m²）贵州省 2006—2100 年的气温和降水量变化。

模拟结果显示，1901—2100 年模拟气温呈升高趋势，贵州省年平均气温将持续上升，2030 年以前不同的 RCP 情景下增温幅度差异较小，2030 年以后各 RCP 情景下的增温幅度表现出不同的变化趋势。RCP8.5 情景下，气温将持续上升，到了 21 世纪末气温升高约 5 ℃；RCP4.5 情景下，2060 年以前气温持续上升，2060 年以后气温增加趋缓，21 世纪末气温增加 2～2.5 ℃；而 RCP2.6 情景下，2050 年以前气温持续上升，2050 年以后气温有一定的下降趋势，21 世纪末气温升高 1～1.5 ℃。在 RCP8.5、RCP4.5 和 RCP2.6 情景下，2006—2100 年贵州省气温变化速率分别为 0.5 ℃/10 a、0.2 ℃/10 a 和 0.1 ℃/10 a（张娇艳 等，2017）。

从空间分布来看，图 6.23 给出了相对于基准期 1986—2005 年不同 RCP 情景下 21 世纪不同时期内贵州省气温变化的情况。结果表明，21 世纪早期、中期、末期在 RCP8.5、RCP4.5、RCP2.6 情景下贵州省均是偏暖的，但是在各阶段、各情景下增温幅度有一定区域性特征，总体上呈现从西南向东北逐渐增加的趋势。总体来说,温室气体浓度越高,相对于基准期的增温越大。另外,21 世纪早期、中期和末期相对于基准期在三种情景下全省平均温度上升为 1.1～1.4 ℃、1.4～2.8 ℃和 1.3～4.3 ℃(表 6.3)。

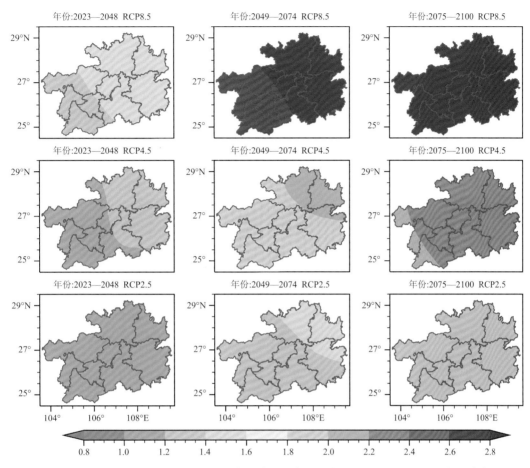

图 6.23　不同 RCP 情景下 21 世纪不同时期内贵州省气温变化(相对于 1986—2005 年)(单位:℃)

表 6.3　不同 RCP 情景下 21 世纪不同时期贵州省气温变化(相对于 1986—2005 年)　　单位:℃

RCP	21 世纪早期 2016—2035 年	21 世纪中期 2046—2065 年	21 世纪末期 2081—2100 年
8.5	1.4	2.8	4.3
4.5	1.2	2.0	2.3
2.6	1.1	1.4	1.3

6.4.2　未来降水的变化

相对于气温,2006—2100 年降水的变化趋势较小,但波动性较大,且不同浓度情景下差异较大,但总体上表现为弱的增加。在 RCP8.5、RCP4.5 和 RCP2.6 情景下,2006—2100 年贵州省降水变化的线性趋势分别为 1.0%/10 a、0.9%/10 a 和 0.6%/10 a。2050 年以前,

RCP4.5 和 RCP2.6 情景下,贵州省年平均降水缓慢增加,而 RCP8.5 情景下降水略有减少。2050 年以后,RCP2.6 情景下,贵州省年平均降水变化趋势不明显,RCP4.5 情景下,降水增加速率继续变缓,而 RCP8.5 情景下降水表现出明显的上升趋势,到了 21 世纪末降水增加接近15%(张娇艳 等,2017)。

相对于基准期 1986—2005 年,不同 RCP 情景下 21 世纪不同时期内贵州省降水变化的空间分布情况如图 6.24 所示。对于年平均降水变化的空间分布,21 世纪早期、中期、末期在RCP8.5、RCP4.5、RCP2.6 情景下贵州省表现出明显的区域性差异。21 世纪早期,RCP8.5情景下相对于基准期贵州省西部和北部降水偏少,东南部降水偏多,变化幅度在 2% 以内;在RCP4.5、RCP2.6 情景下相对于基准期贵州省降水以偏多为主,变化幅度基本上在 3% 以内。21 世纪中期,三种排放情景下贵州省降水基本上呈现偏多态势,RCP8.5、RCP4.5 和 RCP2.6三种情景下贵州省年平均降水分别增多 0~3%、2%~5% 和 2%~4%,且偏多幅度大体呈现自西向东增加。21 世纪末期,RCP8.5 和 RCP2.6 情景下贵州省降水相对于基准期偏多幅度呈南北向变化,而 RCP4.5 情景下偏多幅度自西向东增加,偏多幅度以 3%~5%,部分地区在5% 以上,但不超过 7%。另外,21 世纪早期、中期和末期相对于基准期在三种情景下全省平均降水将减少 0.4% 至增加 1.6%,增加 2.1%~3.9% 以及增加 4.0%~5.5%(表 6.4)。

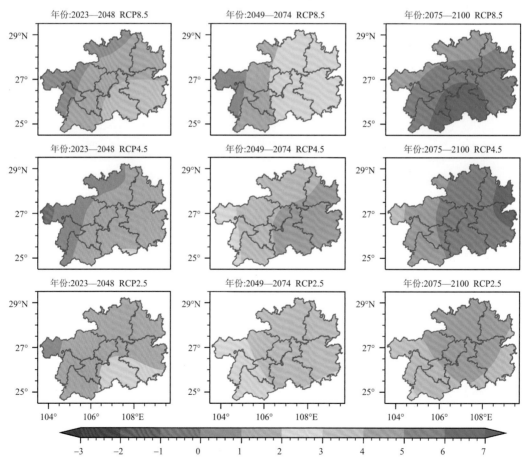

图 6.24 不同 RCP 情景下 21 世纪不同时期内贵州省降水变化(相对于 1986—2005 年)(%)

表 6.4　不同 RCP 情景下 21 世纪不同时期贵州省降水变化(相对于 1986—2005 年)　　　　%

RCP	21 世纪早期 2016—2035 年	21 世纪中期 2046—2065 年	21 世纪末期 2081—2100 年
8.5	−0.4	2.1	5.5
4.5	1.3	3.9	5.4
2.6	1.6	3.3	4.0

6.4.3　气候影响预估

总体来看,贵州省未来气温呈升高趋势,年平均气温持续上升,降水总体也呈增多的趋势,但在不同情景模式下存在明显的区域性差异,未来贵州省继续变暖变湿。气温的升高及降水的增加整体上有利于石漠化区域植被生态状况的改善,但需注意的是,由于降水变化波动性较大,极端事件增多可能性大,可能会造成局部地区石漠化的加重。

6.5　本章小结

本章以遥感影像为基础,综合运用"3S"技术对贵州省喀斯特石漠化动态变化特征进行分析研究,建立贵州石漠化遥感信息提取及分级评价方法,并对贵州石漠化面积及其分布状况、石漠化区植被生态状况进行监测评估。同时结合气象观测数据及不同排放情境下的气候预估数据,探讨气候对石漠化区域植被的贡献率及未来影响趋势。

(1)石漠化扩展趋势得到有效遏制。利用中高分辨率卫星遥感数据,通过归一化岩石指数(NDRI),反演遥感解译的裸岩率,依据岩石裸露率与石漠化相关关系,获得贵州石漠化面积及其分布状况。结果表明,近 10 a(2010—2019 年)来贵州省石漠化面积持续减少。

(2)石漠化区植被生态质量不断改善。2000—2020 年全省石漠化区植被覆盖度及植被净初级生产力均呈增加趋势,2020 年全省 98.5% 的石漠化生态脆弱区植被生态质量有所改善。

(3)石漠化演变受人类活动和自然条件的共同作用,其中气候变化的影响不容忽视,水热条件对植被恢复具有重要作用。21 世纪以来,气温升高及降水增加有利于石漠化区植被恢复,贵州省植被质量整体向好,喀斯特石漠化区面积显著减少,且气温与植被指数的相关性高于降水。

(4)未来贵州省继续变暖变湿,有利于石漠化整体继续改善,但由于极端降水事件增大,造成水土流失加重,可能造成贵州省局部地区石漠化加重。

第7章
山地城市生态气象

7.1 城市热岛效应监测评估

城市热岛效应是指城市因大量的人工发热、建筑物和道路等高蓄热体及绿地减少等因素造成的城市"高温化",城市中的气温明显高于外围郊区的现象。形成城市热岛效应的主要因素有城市下垫面、人工热源、水汽影响、空气污染、绿地减少、人口迁徙等多方面的因素。城市热岛是衡量城市生态环境的重要限制因子,较大程度反映城镇建设及人类活动对城市气候环境的不利影响。

7.1.1 监测原理及技术方案

(1)城市热岛监测

城市热岛监测通常采用热岛强度(UHI)进行表征。UHI定义如下:

$$UHI_i = T_i - \frac{1}{n}\sum_1^n T_{sub} \tag{7.1}$$

式中,UHI_i为图像上第 i 个像元所对应的热岛强度,T_i 是第 i 个像元地表温度,n 为郊区内的有效像元数,T_{sub} 为郊区内的地表温度。

为比较热岛程度,按不同时间尺度将地表城市热岛强度 UHI 划分为 7 个等级:强冷岛、较强冷岛、弱冷岛、无热岛、弱热岛、较强热岛和强热岛等,分别赋值为 1、2、3、4、5、6 和 7,具体等级划分参见表 7.1。

表 7.1 遥感地表城市热岛强度 UHI 划分及含义

等级	热岛强度 UHI(日)	热岛强度 UHI(月、季、年平均)	含义
1	<−7.0	<−5.0	强冷岛
2	[−7.0,−5.0]	[−5.0,−3.0]	较强冷岛
3	(−5.0,−3.0]	(−3.0,−1.0]	弱冷岛
4	(−3.0,3.0]	(−1.0,1.0]	无热岛
5	(3.0,5.0]	(1.0,3.0]	弱热岛
6	(5.0,7.0]	(3.0,5.0]	较强热岛
7	>7.0	>5.0	强热岛

(2)城市热岛评估

基于城市热岛强度监测,可对区域城市热岛的强度进行整体评估。采用热岛比例指数

(UHPI)进行定量评估区域城市热岛效应的强弱。UHPI 是城区温度高于郊区温度的不同等级热岛强度的面积加权和,是反映区域内不同等级热岛强度与范围的一个综合定量指标。UHPI 定义如下:

$$\mathrm{UHPI} = \frac{1}{100m} \sum_1^n w_i p_i \tag{7.2}$$

式中,UHPI 为城市热岛比例指数,m 为热岛强度等级数,i 为城区温度高于郊区温度等级序号,n 为城区温度高于郊区温度的等级数,w_i 为第 i 级的权重,取等级值,p_i 为第 i 级所占的面积百分比,数值为 $0\sim100$。UHPI 值在 $0\sim1.0$ 之间,该值越大,热岛现象越严重。UHPI 值为 0 时,表明此地没有热岛现象,UHPI 值为 1 时,表明处于强热岛范围。由热岛强度等级(表7.1)可知,$m=7$,$n=3$,i 为热岛强度等级序号值 5、6、7。区域城市热岛效应的评估依据表7.2 进行等级划分。

表 7.2　区域城市热岛效应评估等级划分标准

等级	热岛比例指数	等级含义
1	$[0, 0.2]$	轻微或无
2	$(0.2, 0.4]$	较轻
3	$(0.4, 0.6]$	一般
4	$(0.6, 0.8]$	较严重
5	$(0.8, 1.0]$	严重

城市热岛卫星遥感监测评估技术流程包括数据准备、数据预处理、LST(地表温度)反演、城市热岛监测、城市热岛评估、报告撰写,主要技术方案如图 7.1 所示。

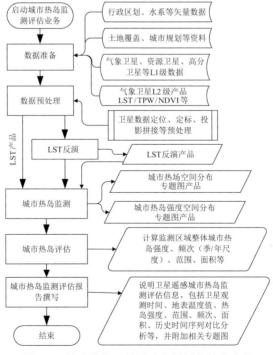

图 7.1　城市热岛卫星遥感监测评估技术流程

7.1.2 典型城市的城市热岛监测评估

（1）贵阳市城市热岛监测评估

贵阳市是贵州省的省会城市，贵阳全市辖区面积 8034 km²，下辖观山湖、云岩、南明、花溪、乌当、白云 6 个区，修文、息烽、开阳 3 个县，代管清镇 1 个县级市。

利用 2003—2019 年 Aqua/MODIS 卫星数据，监测到 2003—2019 年贵阳市热岛强度指数呈现由主城区向开阳、息烽、清镇以北等郊县地区逐渐降低，至清镇西部和北部低海拔河谷地区后热岛强度再次升高（图 7.2），出现热岛的面积变化不明显（图 7.3）。2010 年后随着城镇化进程的加快，主城区较强热岛面积持续增加，出现由孤立分散到集中连片的趋势。2018 年较强热岛的面积最大，2019 年较强热岛面积较 2018 年有所减少。

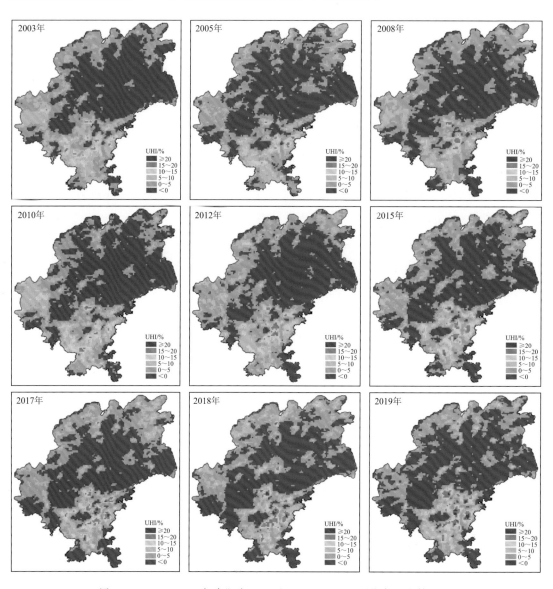

图 7.2 2003—2019 年贵阳市 Aqua/MODIS 卫星监测热岛强度等级图

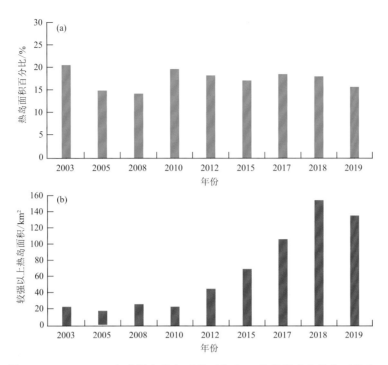

图 7.3　2003—2019 年贵阳市热岛面积百分比(a)及较强以上热岛面积(b)

2019 年,贵阳市城市热岛面积为 1263.2 km²,占全市总面积的 15.7%,略少于 2018 年的城市热岛面积;其中较强以上的热岛面积为 135.1 km²,主要集中在云岩、南明区两城区和花溪、观山湖区的部分地区。

(2)铜仁市城市热岛监测评估

铜仁市,贵州省辖地级市,有"中国西部名城"之称,位于贵州省东北部,武陵山区腹地,东邻湖南省怀化市,北与重庆市接壤,是连接中南地区与西南边陲的纽带,享有"黔东门户"之美誉。铜仁市的城区分布如图 7.4 所示。

利用 MODIS 遥感影像对铜仁市的地表温度(LST)进行卫星遥感反演。图 7.5 为 2018—2020 年铜仁市碧江及万山区地表温度相对于区域平均值差值分布情况,2018 年地表温度整体表现为西部和北部高、东部和南部低,热岛区域主要出现在环北、市中、河西、灯塔中部及谢桥北部,主城区较区域平均温度偏高 2.6 ℃,即城市热岛强度为 2.6 ℃,铜仁市有两个 LST 高值区,一个出现在河西、环北、市中交界一带,另一个出现在灯塔中北部,地表温度最高差值在 4~5.3 ℃。热岛由主城区向北、西方向逐步减弱,区域东部为地表温度相对较低区域,特别在六龙山区域,较区域平均值低 2~3 ℃。2019 年铜仁市碧江及万山区地表气温相对于区域平均值差值分布情况与 2018 年分布基本相似,地表温度呈西北高东南低形势,热岛区域与 2018 年基本一致,主城区城市热岛强度为 2.9 ℃。最高差值为 5~6.2 ℃,出现在灯塔中北部。六龙山区域较区域平均低 2~4 ℃。值得注意的是,2019 年主城区热岛较 2018 年强,其中谢桥街道北部温差增大明显。2020 年铜仁市碧江及万山区地表温度同样呈西北高东南低形势,热岛区域与 2018 年基本一致,主城区平均地表气温较区域平均高 3.1 ℃,碧江区北部热岛程度较 2018 年、2019 年有所升高,东南部偏低程度也大于前两年,西北部与东南部温差明显增大。

图 7.4 铜仁市城区分布图

综合以上分析可得出，铜仁市主城区 2018 年、2019 年城市热岛效应较小，2020 年上半年城市热岛强度略强。

7.2 城市空气质量监测

空气质量在生态环境监测中占有较大比重，且与日常生活息息相关，近年来一直受到高度重视。空气质量地面监测结果最准确，但是 2012 年后贵州各地才开始建设监测站，2015 年后数据才正常可供研究，因而能提供的数据年限很短。近年来，利用卫星遥感监测空气质量取得了较大进展，主要监测要素有臭氧（O_3）、二氧化硫（SO_2）、二氧化氮（NO_2）、气溶胶光学厚度（AOD）等。本节分地面监测和卫星监测分别进行介绍，地面监测选择贵州省 9 个市（州）逐日空气质量指数及首要污染物，数据来源于贵州省环境监测中心站；遥感监测选取了 AURA（光环）卫星、哨兵 5 号、MODIS 等卫星数据进行分析。

7.2.1 地面监测

（1）空气质量指数月变化特征

空气质量指数（AQI）是表征空气质量好坏的无量纲参数，是六种污染物（SO_2、NO_2、O_3、CO、PM_{10}、$PM_{2.5}$）空气质量分指数中的最大值。利用 2015—2017 年的监测数据，计算得到贵

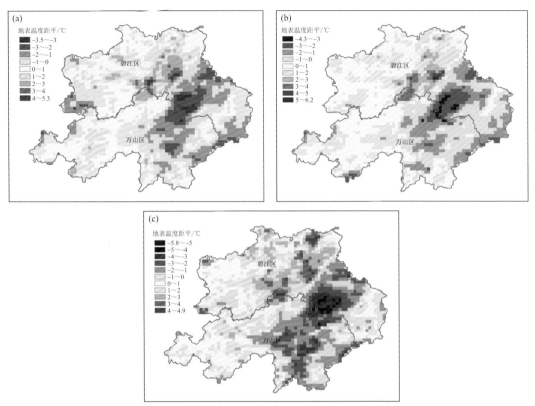

图 7.5　2018—2020 年铜仁市碧江及万山区地表温度距平

(a)2018 年；(b)2019 年；(c)2020 年

州省各市 AQI 的月际变化特征(图 7.6)。各市之间 AQI 月际变化趋势基本一致,春季(3 月)
AQI 开始呈下降趋势,3—4 月有所起伏,6 月各城市达到一年中最低值,7—10 月呈波动上升
的趋势,11 月—次年 1 月呈现持续上升趋势。这种趋势变化存在明显的季节分布特征,夏季
低、冬季高,春秋季呈波动起伏变化。AQI 的这种变化特征除与冬季污染排放大有关外,还与气
象要素的季节性变化有关。冬季不仅排放多,而且降水少,静稳天气多,污染物的清除较慢,因而
AQI 值最高;6 月是贵州降水量最多的月份,降水对污染物有稀释清除作用,因而 AQI 值最低。

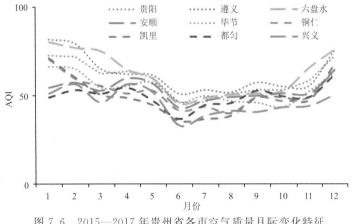

图 7.6　2015—2017 年贵州省各市空气质量月际变化特征

（2）空气质量指数季节变化特征

贵州 9 个市 AQI 的季节平均如图 7.7 所示。9 个市除毕节外均表现出冬季最高、夏季最低的特征；凯里和都匀两地 AQI 春、秋季数值相当，其余城市均表现出春季高于秋季特征。空气质量指数的季节分布特征主要反映了污染排放的季节性因素，还反映了不同季节气候条件的影响。

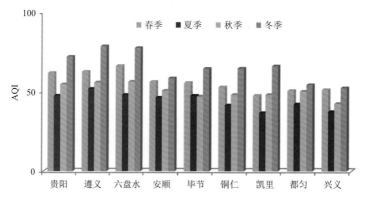

图 7.7　2015—2017 年贵州省各市空气质量季节变化特征

（3）空气质量指数年际变化特征

贵州 9 个市 AQI 的年际变化如图 7.8 所示。六盘水、毕节和凯里三地 3 a 来 AQI 几乎无变化，贵阳和遵义两地 2017 年较前两年有较明显的下降，安顺和铜仁两地 2015 年最大、2016 年最小、2017 年比 2016 年有小幅度的上升，都匀 2016 年最大、2017 年最小，兴义近 3 a 呈逐渐下降趋势。

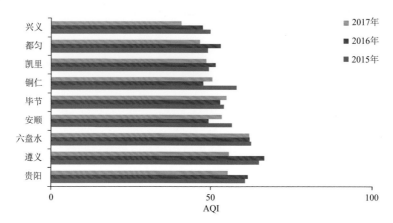

图 7.8　2015—2017 年贵州省各市空气质量年际变化特征

（4）污染天数及优良率

贵州 9 个市 2015—2017 年污染天数及空气质量优良率见图 7.9，从中可看出全省污染天数各地分布不均，存在相对污染区、环境优良区及环境优质区，相对污染区包括遵义、六盘水和贵阳，最高污染天数为遵义的 80 d，其次六盘水为 79 d，环境优良区为毕节、凯里和安顺，环境优质区为兴义、都匀和铜仁，污染天数最少为兴义的 2 d，其次为都匀的 10 d。对应来看，兴义优良率最高为 99.8%，最低为遵义的 92.7%，全省 9 个市优良率均在 90% 以上，说明贵州环境空气质量较好。

图 7.9　2015—2017 年贵州省各市污染天数和优良率

（5）首要污染物

贵州 9 个市环境空气污染并不严重,标准规定空气质量指数为 50 以上需计算首要污染物,各地 2015—2017 年主要的首要污染物情况如图 7.10 所示。贵州 9 个市主要的首要污染物为 PM_{10}、$PM_{2.5}$ 和 O_3;只有安顺和都匀发生过 SO_2 污染,次数分别为 47 和 16;六盘水发生过 4 次 NO_2 污染,贵阳、遵义、毕节和凯里只发生过 1 次 NO_2 污染,其他城市没有发生;兴义发生过 7 次 CO 污染,毕节和铜仁各发生 1 次,其余城市未发生过。从 9 个城市首要污染物总的出现次数来看,$PM_{2.5}$ 最多占 41.8%,其次为 PM_{10} 占 36.1%,O_3 占 20.5%。在三种主要的首要污染物中,贵阳、遵义、六盘水、毕节和凯里 $PM_{2.5}$ 出现次数较多,尤其凯里 $PM_{2.5}$ 出现次数是其他两种污染物的 4~5 倍,贵阳、遵义和六盘水次多的是 PM_{10},而毕节次多的是 O_3;铜仁和兴义 PM_{10} 出现次数较多,尤其铜仁 PM_{10} 出现次数是其他两种污染物的 4~6 倍,$PM_{2.5}$ 和 O_3 次数相差不大,兴义 O_3 次多,是 $PM_{2.5}$ 的 2.5 倍;安顺 O_3 出现次数较多,其次是 $PM_{2.5}$ 和 PM_{10}。

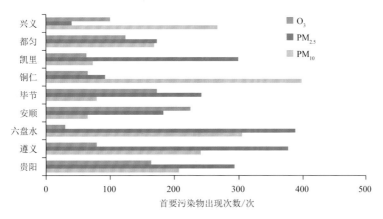

图 7.10　2015—2017 年贵州省各市首要污染物出现次数

7.2.2　遥感监测

7.2.2.1　臭氧(O_3)

臭氧是大气中重要的痕量气体,主要分布在平流层,由于其吸收太阳的紫外线,因而对地球表面的生物起到保护作用。对流层臭氧只占臭氧总量的10%左右,但与人体的健康息息相关,高浓度的对流层O_3对人类健康和生态系统会产生不利影响。

利用AURA卫星上的OMI仪器观测的臭氧L3级产品,空间分辨率为0.25°×0.25°,分析了贵州省2005—2019年的臭氧分布特征。

(1)O_3柱浓度年均空间分布特征

利用日O_3数据计算2005—2019年贵州省O_3的多年平均分布(图7.11),从图中可以看出,2005—2019年间贵州省O_3浓度整体集中在255~270 DU(DU为空气中垂直柱状区域内的臭氧含量单位)之间,在空间分布上呈现"北高南低"的特征,高值区为遵义和铜仁地区,低值区为六盘水、毕节和黔西南的部分地区。

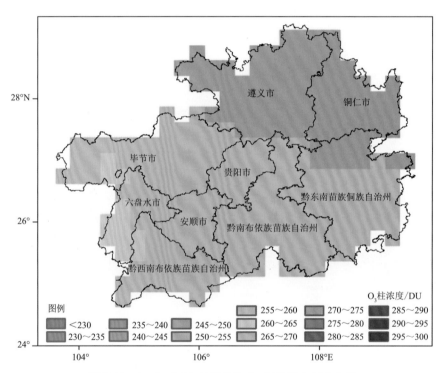

图7.11　2005—2019年贵州省O_3年均值空间分布图

(2)O_3柱浓度年际变化特征

图7.12和图7.13分别是利用2005—2019年贵州省区域内的OMI O_3 L3级柱浓度日产品统计得到的O_3年均值时间变化图和空间分布图。

从图7.12上可以看出,2005—2010年,O_3浓度波动上升,2008年有一个最小值。黔北地区O_3浓度变化较为明显,黔西南地区O_3浓度基本没有变化。2011—2013年,O_3浓度逐渐降低,空间分布上仍是"北高南低"。2014—2015年O_3浓度有所反弹。2016—2019年O_3浓度逐渐降低,到2019年全省O_3浓度基本一致,在250~275 DU之间,2019年成为2005年以来O_3浓度第二低的年份。

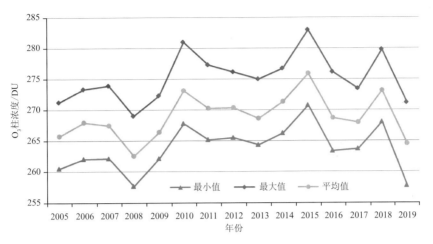

图 7.12　2005—2019 年贵州省 O₃ 年均值变化图

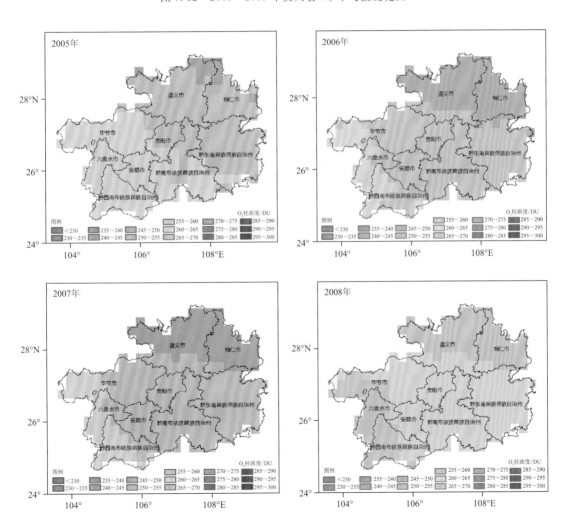

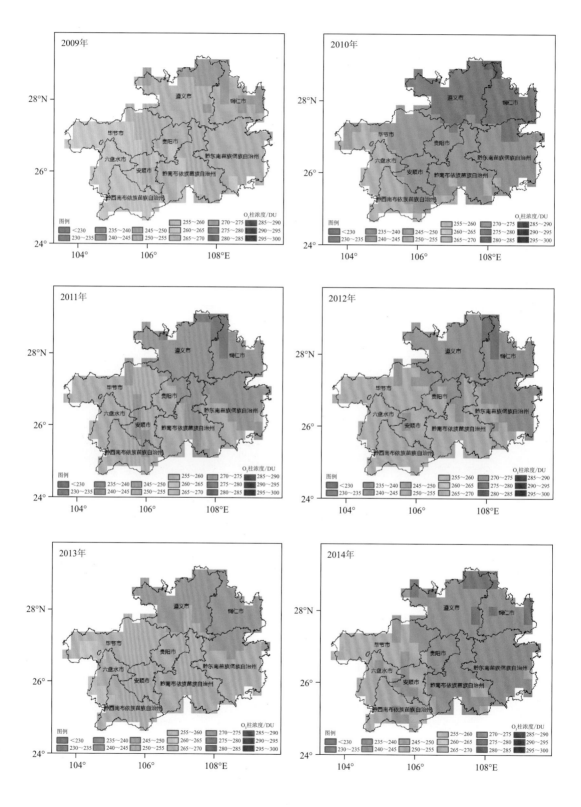

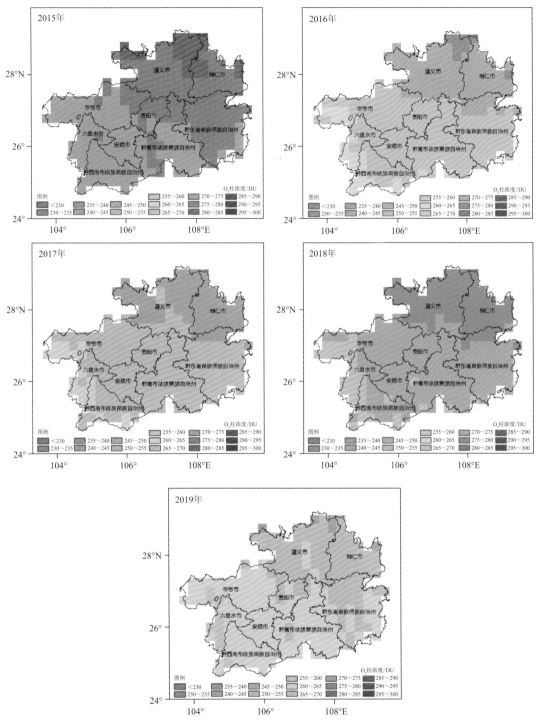

图 7.13　2005—2019 年贵州省 O_3 年均值时空分布图

（3）O_3 柱浓度季节变化特征

图 7.14 和图 7.15 分别是贵州省 O_3 柱浓度季节均值时间变化图和空间分布图。

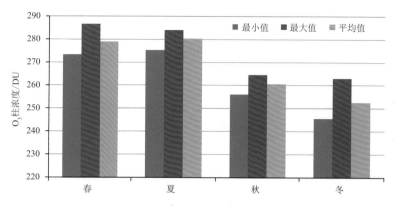

图 7.14 2005—2019 年贵州省 O_3 季节均值变化图

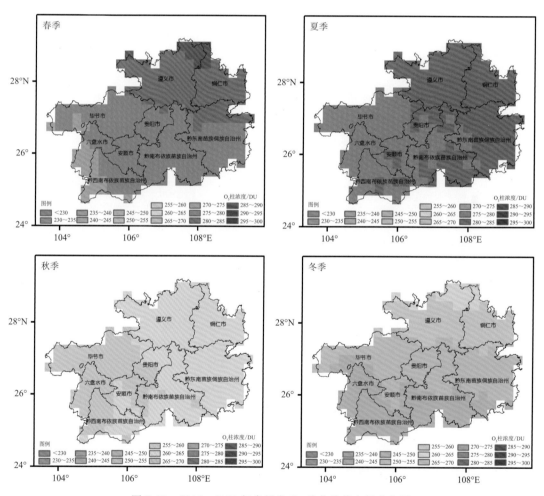

图 7.15 2005—2019 年贵州省 O_3 季节均值空间分布图

从图 7.15 中可知，O_3 的柱浓度空间分布表现出明显的特征，即春夏季节浓度高，秋冬季节浓度低。其中在春夏季贵州省 O_3 浓度相差不大，全省皆处于一个较高的浓度，其值普遍大于 275 DU，夏季高值的区域比春季略高。秋冬季节，O_3 浓度快速下降，在冬季达到最低值，其最大值不超过 265 DU。

（4）O$_3$ 柱浓度月变化特征

图 7.16 和图 7.17 是贵州省 O$_3$ 柱浓度月均值时间变化图和空间分布图。

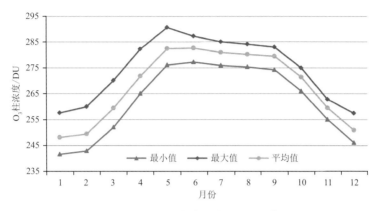

图 7.16 2005—2019 年贵州省 O$_3$ 月均值变化图

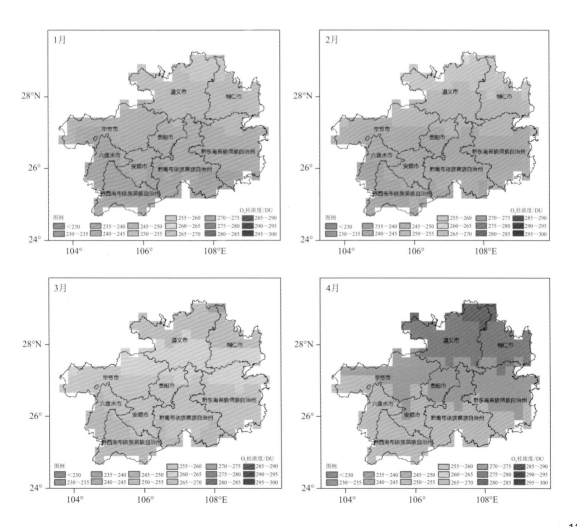

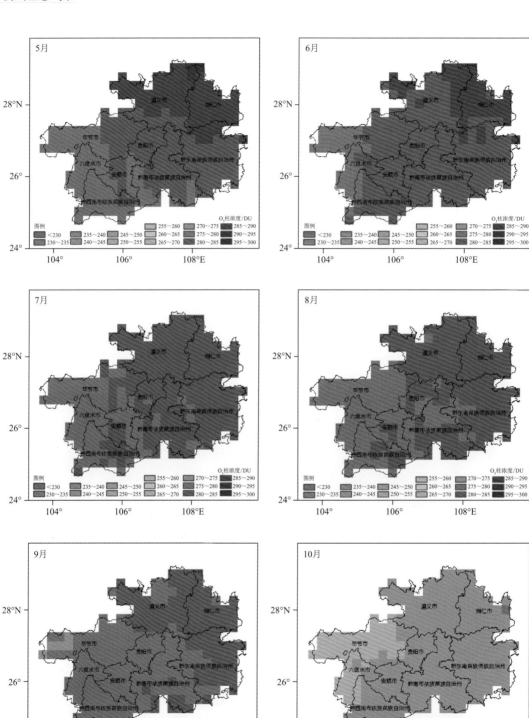

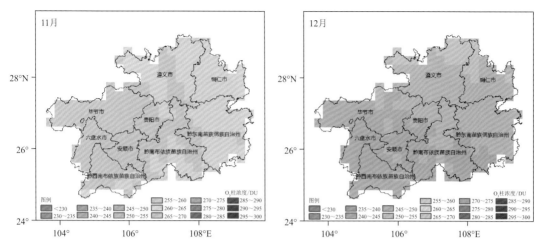

图 7.17　2005—2019 年贵州省 O_3 月均值时空分布图

从图 7.16 可知,1—12 月 O_3 柱浓度整体呈先上升再下降的趋势,其中 1—6 月份 O_3 浓度持续上升,在 6 月份达到最高值,最大值为 295 DU。6—9 月 O_3 浓度变化不大,呈缓慢降低的趋势,但都保持在一个较高的水平,其浓度区间为 270~295 DU。10—12 月 O_3 浓度又逐渐降低,在 12 月份降到较低的水平,O_3 浓度最大值不超过 265 DU。

综合分析可知,贵州省 O_3 浓度月均值变化特征整体表现为:1—6 月 O_3 浓度逐渐增加,其中 6 月 O_3 柱浓度最大,5 月份次之;7—12 月,O_3 柱浓度呈现逐月下降趋势。O_3 浓度最低的月份在 1 月和 2 月,全省 90% 以上区域 O_3 浓度不超过 250 DU,其 O_3 浓度最大值也不超过 260 DU。从空间分布上看,月空间分布特征较为明显,呈"北高南低,东高西低"的特征。

7.2.2.2　二氧化硫(SO_2)

(1) SO_2 柱浓度年均空间分布特征

利用 OMI 数据计算了 2005—2019 年贵州省 SO_2 的年均值(图 7.18),从图中可以看出,2005—2019 年间贵州省 SO_2 浓度整体偏高,浓度主要集中在 0.4~0.8 DU 之间。SO_2 浓度高的区域主要在贵阳市、遵义西南地区和毕节东部地区。较低的区域为东北部、黔东南和黔西南地区。

(2)SO_2 柱浓度年变化特征

贵州省 2005—2019 年 SO_2 年均值的时间变化图和空间分布图见图 7.19 和图 7.20。

从图 7.20 中可知,贵州省 SO_2 污染区域主要分布于贵阳市、遵义市、毕节市和六盘水市。在 2005—2008 年期间,全省 SO_2 柱浓度保持整体偏高,高值区主要分布在遵义中西部、贵阳、毕节地区大部、六盘水东部及安顺北部。在 2006 年,遵义市 SO_2 污染情况最为严重。2009 年全省 SO_2 柱浓度整体有所降低,最大值低于 0.65 DU,但在 2010—2013 年期间,全省 SO_2 柱浓度又有所增加,遵义、贵阳、毕节和六盘水地区仍是污染较为严重的区域。2014 年,全省 SO_2 柱浓度开始降低,一直到 2019 年也基本保持在较低的水平,且无太明显的变化。

图 7.21 和图 7.22 是贵州省 2005—2019 年 SO_2 季节均值时间变化图和空间分布图。

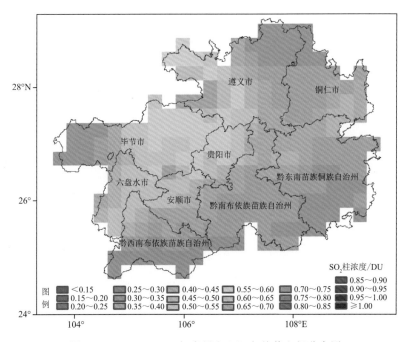

图 7.18　2005—2019 年贵州省 SO₂ 年均值空间分布图

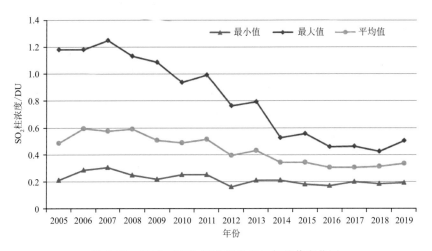

图 7.19　2005—2019 年贵州省 SO₂ 年均值变化图

从图 7.22 中可以看出,在季节上,遵义、贵阳、毕节、六盘水地区 SO₂ 季节分布特征不明显,常年处于较高的水平;其余地区季节分布特征较为明显,呈现为秋冬季高,春夏季低,其中冬季 SO₂ 浓度最高,秋季次之,春夏 SO₂ 浓度相差不大。

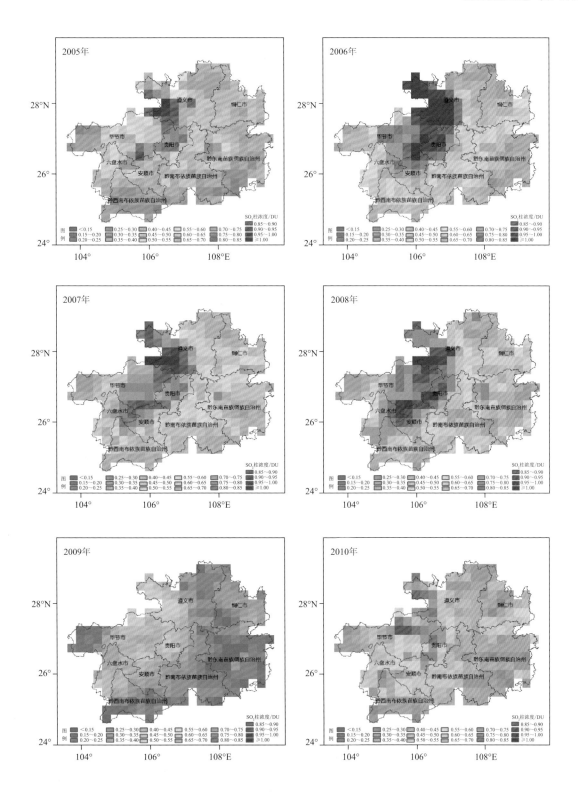

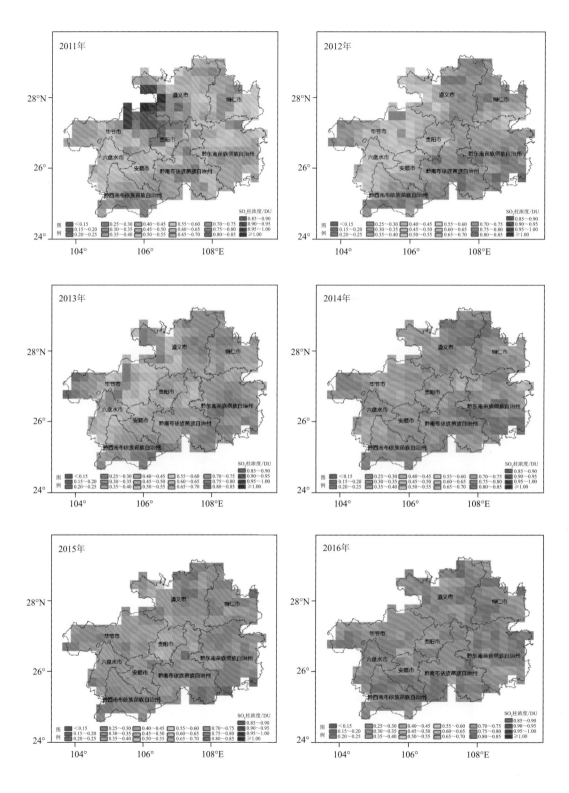

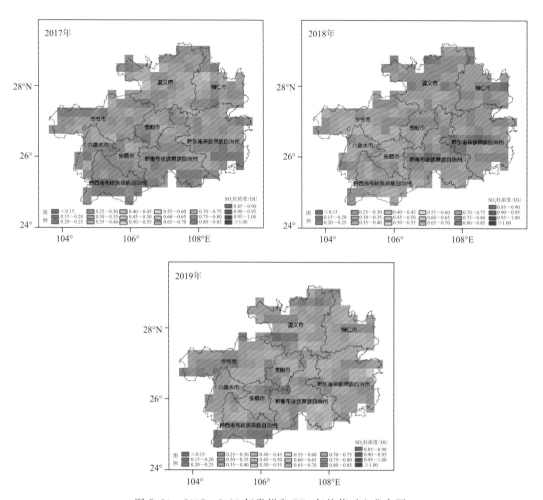

图 7.20　2005—2019 年贵州省 SO₂ 年均值时空分布图

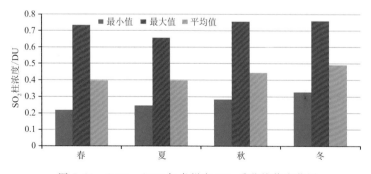

图 7.21　2005—2019 年贵州省 SO₂ 季节均值变化图

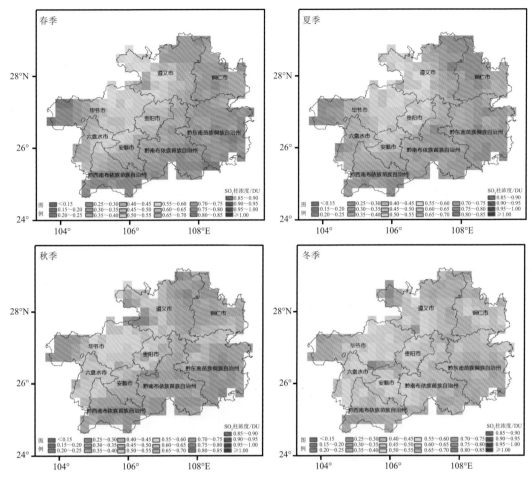

图 7.22　2005—2019 年贵州省 SO₂ 季节均值时空分布图

（3）SO₂ 柱浓度月变化特征

图 7.23 和图 7.24 是贵州省 1—12 月份 SO₂ 月均值时间变化图和空间分布图。

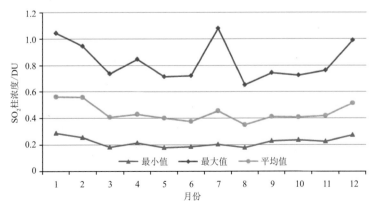

图 7.23　2005—2019 年贵州省 SO₂ 月均值变化图

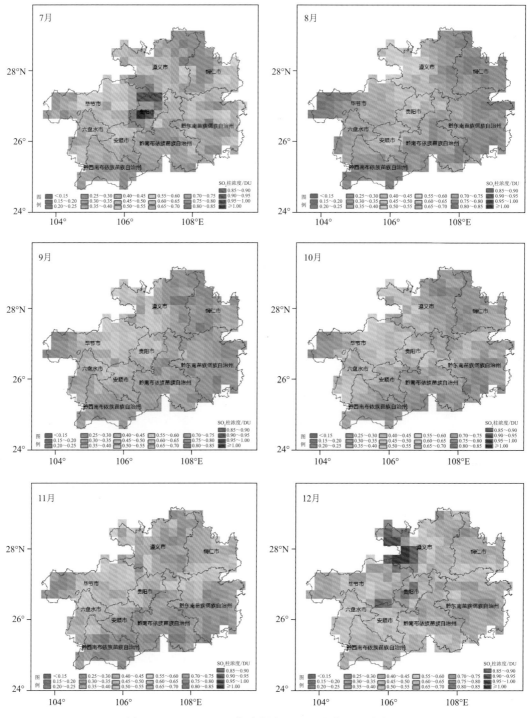

图 7.24　2005—2019 年贵州省 SO_2 月均值时空分布图

从图 7.24 中可知,贵州省 SO_2 月均浓度较高的月份主要是 1 月、2 月、7 月、12 月,其中 1 月、2 月和 11 月全省整体 SO_2 浓度都偏高,7 月 SO_2 浓度主要集中于贵阳、遵义和毕节地区。

SO_2 浓度最低的月份为 8 月,全省整体 SO_2 浓度都偏低,最大 SO_2 浓度低于 0.65 DU。3—11 月黔东南和黔西南地区 SO_2 浓度都普遍偏低。

7.2.2.3 二氧化氮(NO_2)

(1)NO_2 柱浓度年均空间分布特征

图 7.25 为 2005—2019 年贵州省 NO_2 的年均值空间分布图,从图中可以看出,2005—2019 年间贵州省 NO_2 浓度整体不高,年均最大浓度不超过 10×10^{15} mol/cm²。NO_2 浓度高的区域主要位于靠近四川盆地的西北地区,即遵义、毕节地区,浓度最低的区域主要位于东南部、南部和威宁地区。

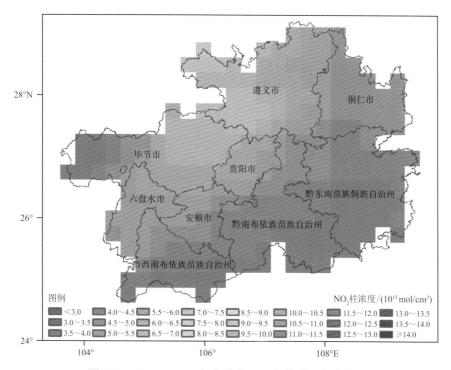

图 7.25　2005—2019 年贵州省 NO_2 年均值空间分布图

(2)NO_2 柱浓度年变化特征

从图 7.26 中可以看出,2005—2019 年间,贵州省的 NO_2 浓度呈现出"先上升,后下降"的趋势。2005—2011 年,贵州省的 NO_2 浓度逐年上升,在 2011 年达到最大值。从图 7.27 中可以看出,中高浓度值区域(($7.5 \sim 10.8) \times 10^{15}$ mol/cm²)明显增加,主要出现在遵义市、毕节市和六盘水市等区域。2012—2013 年,贵州省 NO_2 浓度维持在中等浓度的水平,整体浓度较 2011 年有所降低,且较高浓度区域仍处于遵义市和毕节市,浓度在($7.5 \sim 10) \times 10^{15}$ mol/cm² 之间。

2013—2019 年,贵州省的 NO_2 浓度整体逐渐降低,下降幅度较大的区域主要还是浓度较高的遵义市和毕节市区域,到 2019 年,NO_2 浓度最大值不超过 8×10^{15} mol/cm²。

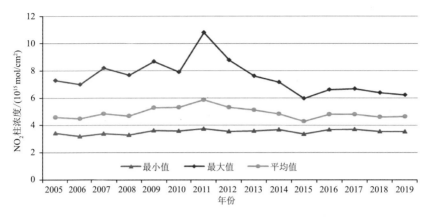

图 7.26　2005—2019 年贵州省 NO_2 年均值变化图

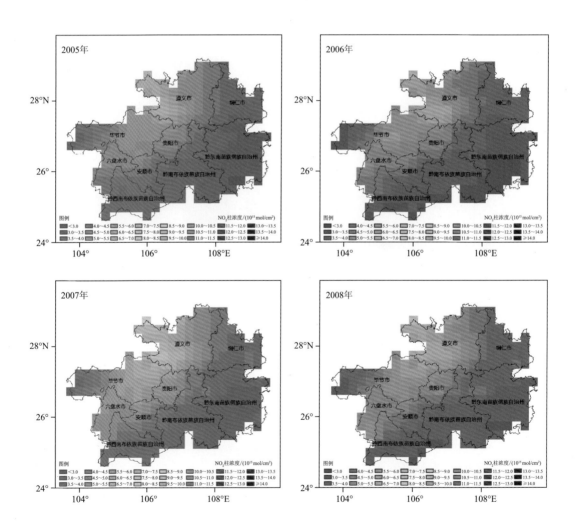

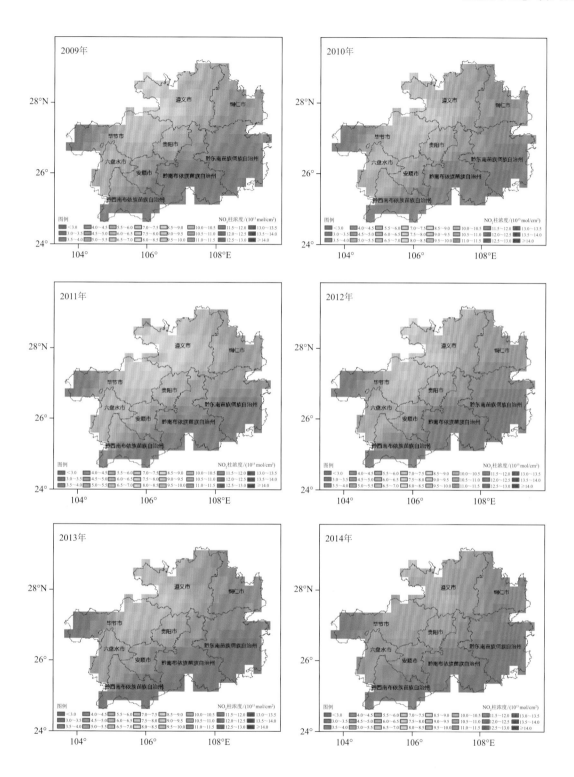

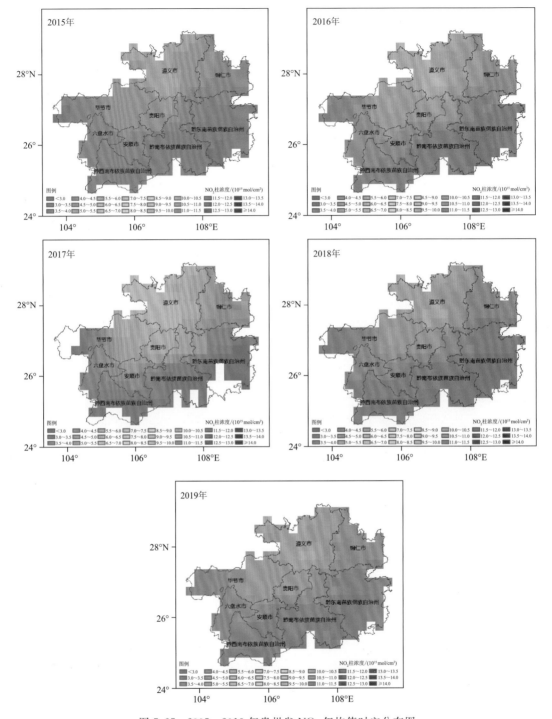

图 7.27　2005—2019 年贵州省 NO$_2$ 年均值时空分布图

综合以上分析发现,2005—2019 年间,贵州省 NO$_2$ 浓度呈现"先上升,后下降"的变化特征。在空间分布上,NO$_2$ 高排放区域主要分布于靠近四川盆地的遵义市和毕节市区域,其次是贵阳市和六盘水市区域,其余地区 NO$_2$ 浓度值较低,没有明显的年际变化。

（3）NO$_2$ 柱浓度季节变化特征

图 7.28 和图 7.29 分别为 2005—2019 年 NO$_2$ 季节均值时间变化图和空间分布图。

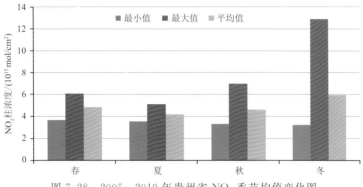

图 7.28　2005—2019 年贵州省 NO$_2$ 季节均值变化图

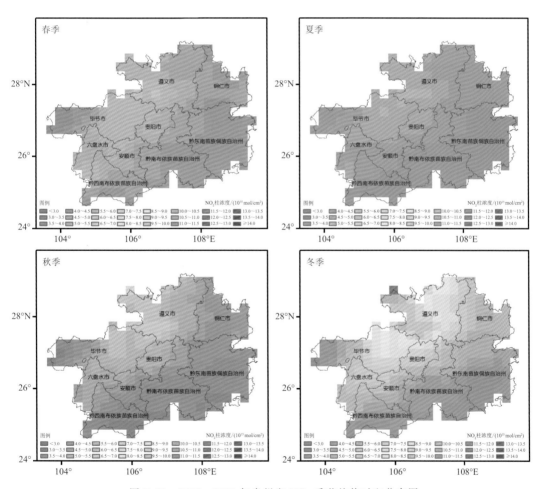

图 7.29　2005—2019 年贵州省 NO$_2$ 季节均值时空分布图

从图 7.28 中可知，贵州省 NO$_2$ 污染的季节特征表现为秋冬季高，春夏季低，其中冬季最高，秋季次之，夏季最低，春季次低。从图 7.29 中可以看出，NO$_2$ 浓度季节性变化特征比较明显的区域为贵阳市、遵义市、毕节市、铜仁市和六盘水市,其余地区季节性变化不明显。

(4)NO₂柱浓度月变化特征

图7.30和图7.31分别是根据OMI数据分析统计得到的2005—2019年1—12月的NO₂月均值时间变化图和空间分布图。

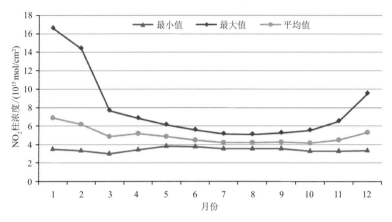

图7.30 2005—2019年贵州省NO₂月均值变化图

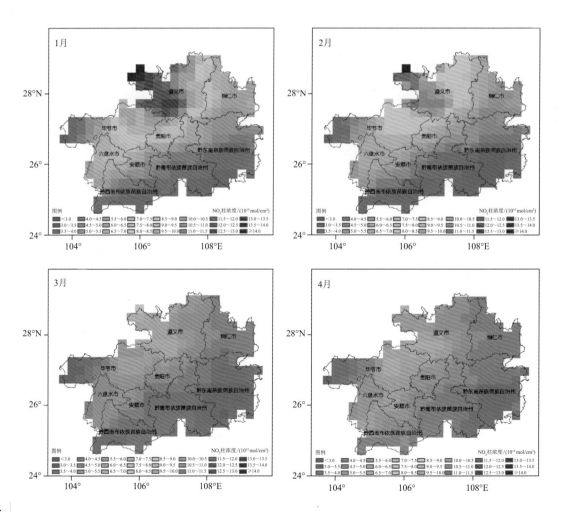

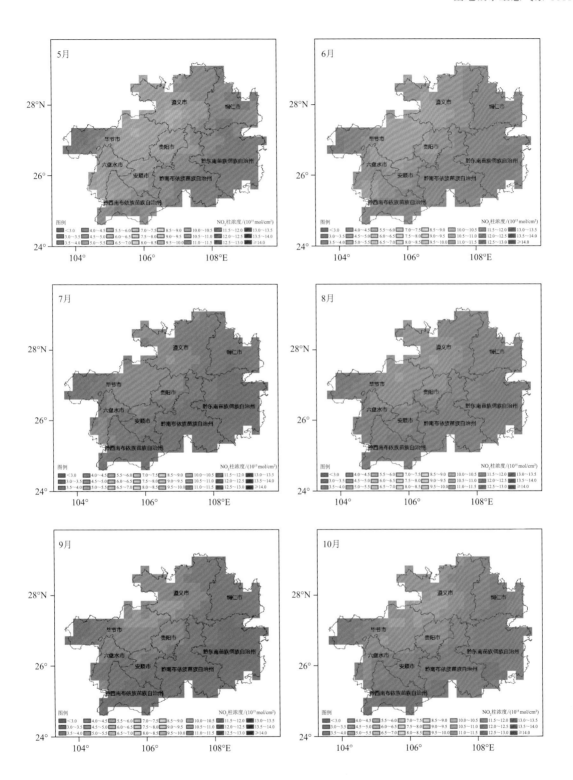

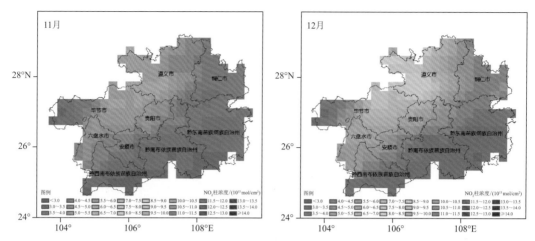

图 7.31　2005—2019 年贵州省 NO₂ 月均值时空分布图

从图 7.31 中可知,12 月—次年 2 月是 NO₂ 高污染发生的时段,主要出现于靠近四川盆地的北部地区,其中 1 月 NO₂ 浓度最高,其次是 2 月份。3—11 月 NO₂ 月均浓度整体呈现明显下降趋势,在 7—9 月遵义市和毕节市地区 NO₂ 浓度最大值也低于 6.5×10^{15} mol/cm²。

7.2.2.4　气溶胶光学厚度(AOD)

气溶胶光学厚度(AOD)是指介质的消光系数在垂直方向上的积分,是描述气溶胶对光的削减作用的最重要的参数之一。选取了 2001 年 1 月—2017 年 2 月 TERRA MODIS C6 版二级 3 km 550 nm 的高分辨率 AOD 数据集(MOD04_3 k)进行分析研究,该产品下载自 NASA 网站(https://ladsweb. modaps. eosdis. nasa. gov),反演方法为暗像元算法(DT),3 km 气溶胶产品 MOD04_3K 经过了一系列的验证,包括全球范围(Remer et al. ,2013)和中国区域的验证(赵仕伟 等,2017),验证结果表明,3 km 数据能够满足气候和环境研究的要求,可用于区域气溶胶光学特征变化的分析。

(1)AOD 年均空间分布特征

图 7.32 所示为贵州省多年平均 AOD 空间区域分布。5 个 AOD 高值区分别位于贵州省北部(遵义市 1 个、铜仁市 2 个)、东南部和省会贵阳。高值区中,贵阳高值区为孤立形态,即与周围区域 AOD 值差异较大,其气溶胶主要来源于本地排放,受周围的传输影响较小。遵义市和铜仁市东边的高值区与这两个地州级市区的盆地范围大致吻合,表明其主要也来自本地排放。其余两个高值区并不处于城市地区,加之这两个地区海拔较低,表明这两个高值区的气溶胶除来自本地排放外,可能还有相当部分是从其他区域传输而来的。如贵州北部、东部和南部边缘低海拔地区的次高值区(0.4 左右)毗邻中国气溶胶的高值区之一的四川盆地,在一些季节很可能受这些区域气溶胶传输的影响。

AOD 低值区(AOD<0.2)主要位于贵州西部海拔较高地区。其分布与海拔高度呈显著的负相关关系,在低海拔地区(1500 m 以下),AOD 均值大多在 0.2 以上;高海拔地区(1500 m 以上)AOD 绝大部分均低于 0.2。究其原因,贵州西部高海拔地区人口密度低,而且植被覆盖度高,本地排放源较少,故 AOD 值也非常低。

(2)AOD 季节分布特征

图 7.33 所示为贵州省 4 个季节的平均 AOD 分布。4 个季节平均差异较大,反映出不同

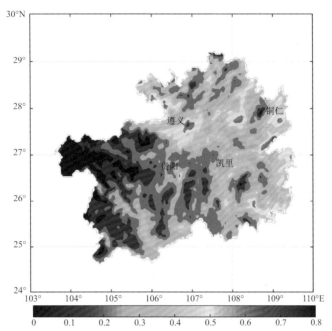

图 7.32 贵州省多年平均遥感气溶胶光学厚度分布(NASA,2001—2016 年,550 nm)

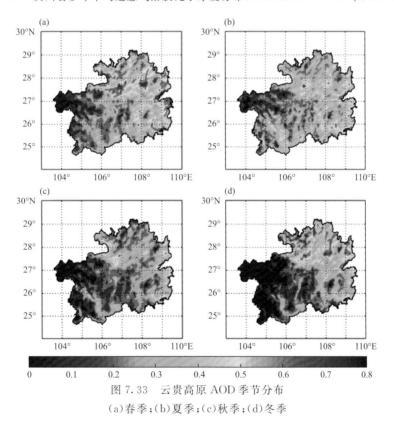

图 7.33 云贵高原 AOD 季节分布
(a)春季;(b)夏季;(c)秋季;(d)冬季

季节人类活动的交替和气象条件的差异。如春秋季从事农事活动时生物质的大量燃烧,对人为气溶胶的排放贡献产生较大影响;又如不同季节风速、降水的不同对气溶胶的清除作用也有差异。

春季:图 7.33a 表明,贵州春季 AOD 整体较高,由于贵州春耕和收获时生物质燃烧,使得贵州 AOD 高值明显,其中贵州大部、贵阳高值达到 0.6 左右。另外,春季贵州以西南风向为主,东南亚 AOD 高值区的气溶胶也可能向北传输入贵州境内,另外,每年初春季也会有多次东北冷空气来袭,会将东部地区浓度较高的气溶胶带入贵州境内。

夏季:图 7.33b 表明,由于季风影响,贵州地区进入主汛期,东部夏季 AOD 较春季明显下降,高值区面积整体缩小。由于生物质燃烧和森林火灾的减少,降水和光照增加较多,植被生长茂盛,导致该地区 AOD 降幅较大。高值区域明显位于贵州东北部、贵阳等城市地区,城市尺度分布明显,这与该区域夏季人类活动增加及静稳天气增多有关(张云 等,2016)。

秋季:图 7.33c 表明,秋季 AOD 在夏季基础上继续下降,高值区域范围明显缩小,且只有贵州北部部分区域(遵义、铜仁)存在大于 0.6 的区域。贵州东部达到一年中的最小值,贵州西部也达到一年中的次低值。

冬季:图 7.33d 表明,贵州地区东部冬季 AOD 相比秋季增加明显,特别是贵州北部 AOD 均值达 0.6 以上的高值区域明显扩大,这除了与冬季取暖等活动造成的本地排放增多有关外,还与贵州以外的东部和北部气溶胶高值区有关,因冬季盛行东北风,区域传输影响较大。而贵州西部的 AOD 继续下降,整体下降到 0.2 以下,为贵州西部一年中的最低值。

(3)AOD 月际和年际变化趋势

从图 7.34 可知,近 16 a 以来,贵州的月平均 AOD 为 0.19~0.47,多年月均 AOD 的均值为 0.32,表现出明显的季节性差异。低值(AOD<0.26)主要出现在 10—12 月,高值(AOD>0.36)出现在 1 月、3 月、4 月和 6 月,高值主要分布于春季、夏季和冬季,这主要与春季多发的森林火险和夏季人类活动的增加有关。

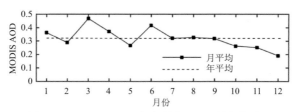

图 7.34 2001—2016 年贵州省 AOD 月变化特征

在贵州,夏季主要受湿润的西南季风影响,而冬季主要受东北季风影响,因而冬季除本地排放外,其东部海拔较低地区还受到周边 AOD 较高地区的传输影响。由于这些人为排放和气象因素对气溶胶的影响交织在一起,贵州 AOD 的月变化较为复杂。

近 16 a 来(图 7.35),贵州 AOD 整体呈现下降趋势,趋势率为 $-0.059/10$ a,其中在 2001—2011 年之间呈波动上升趋势,2011 年以后出现明显下降(通过了置信度为 95% 的显著性检验)。

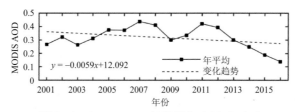

$y=-0.0059x+12.092$

图 7.35 2001—2016 年贵州省 AOD 年变化

7.3 洪涝监测

洪涝指因大雨、暴雨或持续降雨使低洼地区排水不畅、渍水、淹没的现象。洪涝灾害可分为洪水、涝害、湿害。

7.3.1 时间分布特征

按照单日降雨量超过 100 mm 定义为一般洪涝,统计贵州省 1961—2020 年一般洪涝的次数,见图 7.36。从图中可以看出,一般洪涝偏多的年份为 1991 年、1996 年和 2014 年;一般洪涝偏少的年份为 1973 年、1975 年。

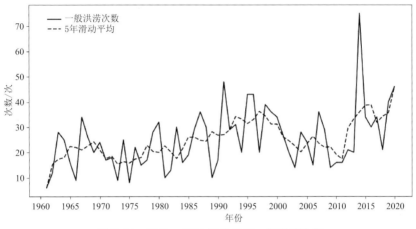

图 7.36　1961—2020 年贵州省一般洪涝次数

从贵州各 10 a 一般洪涝次数统计表(表 7.3)可以看出,近 60 a 贵州出现一般洪涝共 1504 次。20 世纪 70 年代的近 10 a 一般洪涝发生的频率相对最少,仅有 191 次,占总次数的 12.7%;其次为 20 世纪 60 年代,有 200 次,占总次数的 13.3%;20 世纪 90 年代为最多,有 343 次,占总次数的 22.8%,次多的为 21 世纪 10 年代,共有 337 次,占总次数的 22.4%。

表 7.3　1961—2020 年贵州各年代一般洪涝次数分布

年代	1961—1970 年	1971—1980 年	1981—1990 年	1991—2000 年	2001—2010 年	2011—2020 年
总次数/次	200	191	210	343	223	337
年平均次数/次	20	19.1	21	34.3	22.3	33.7
距平	−50.67	−59.67	−40.67	92.33	−27.67	86.33
比例/%	13.3	12.7	14.0	22.8	14.8	22.4

7.3.2 空间分布特征

图 7.37 为 1961—2020 年贵州 84 站一般洪涝总次数的空间分布,贵州一般洪涝次数的空间分布差异显著,在全省范围内存在 3 个一般洪涝次数发生频率较高地区,发生次数最高的区域在贵州西部,主要位于六盘水市东部、安顺市西部及黔西南州北部,近 60 a 一般洪涝总次数达 35 次以上,以六枝一般洪涝次数出现最多,达 45 次;另一个高值中心位于贵州东南部的丹

寨、三都、独山、雷山、麻江一带,为一般洪涝发生的次多中心区域,近 60 a 一般洪涝总次数在
32 次以上,以丹寨一般洪涝次数为最多,达 35 次;贵州南部边缘也存在一个一般洪涝次数的
高值中心,主要位于册亨东部,近 60 a 一般洪涝总次数达 32 次以上。

由图 7.37 还可以看出,一般洪涝发生的低值区域主要分布在三个区域,其中一个是贵州
西北部的威宁、赫章、毕节一线,一般洪涝发生次数低于 10 次,出现次数最少的为赫章,近 60 a
仅出现 1 次;另外两个低值区域主要分布在贵州东南部的施秉、黎平、三穗一带及中部的遵义、
开阳附近,一般洪涝发生次数在 8 次以下,出现次数最少的为遵义,近 60 a 共出现 2 次。

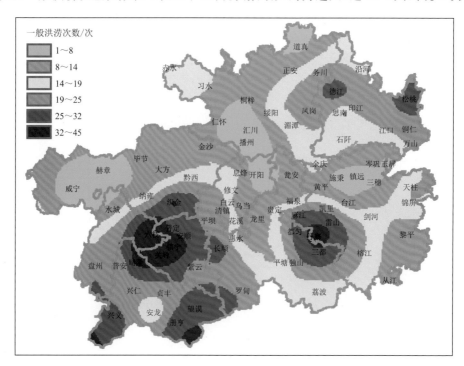

图 7.37　1961—2020 年贵州省一般洪涝次数空间分布

7.3.3　洪涝遥感监测

一般洪涝发生时,天气都是阴雨天气,特别是贵州的洪涝来得快去得也快,光学卫星往往没
有影像,星载合成孔径雷达(SAR)工作波段为微波及波长更长的波段,不受云雨影响,且空间分辨
率较高,大大提高了监测效率和精度,是在贵州多云雨的天气条件下进行洪涝监测的重要手段。

利用 SAR 进行洪水监测,已有很多相关研究且提取效果较好。哨兵 1 号卫星是 SAR 历
史上首次向全球开放免费使用的数据,可用于水体检测、土壤水分反演、形变分析。高分 3 号
(GF-3)是中国首颗分辨率达到 1 m 的 C 波段多极化 SAR 成像卫星,可用于水体检测等用途。
高分 3 号卫星具有成像空间分辨率高、幅宽大、辐射精度高、模式多和连续工作时间长等特点,
并可通过编程成像方式提升快速响应能力,能够获取分辨率 1～500 m,成像幅宽 10～650 km
的 C 波段多极化微波遥感影像,实现全天候全天时海洋与陆地观测,填补了我国民用自主高
分辨多极化微波遥感影像空白(张庆君,2017)。

利用哨兵 1 号和高分 3 号卫星,分析贵州 2020 年发生的暴雨洪涝灾害。

2020 年 6 月 22 日沿河县发生暴雨,多个站点 20 h 降水量突破 100 mm,多个地区被淹。雷达卫星监测结果显示,沿河县官舟镇地势低洼的坝区出现明显新增水体,官舟镇被淹大坝面积 2797 亩,主要河流(长江、坝坨河)水体面积增加,支流水位明显上涨,平时出露的浅滩被淹没(见图 7.38、图 7.39)。

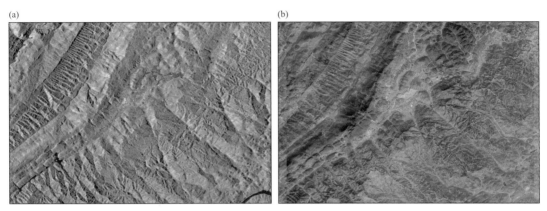

图 7.38　官舟镇水体变化影像(6 月 10 日(a)与 6 月 22 日(b)对比,红色为新增水体)

图 7.39　官舟镇附近河流变化影像(6 月 10 日(a)与 6 月 22 日(b)对比,红色为增加水体)

2020 年 7 月 9 日夜间到 7 月 10 日上午,榕江县境内突降暴雨,多个乡镇 12 h 降水量达 100 mm 以上,部分乡镇出现大暴雨,导致部分江河水库水位骤涨。利用 2020 年 7 月 5 日和 7 月 12 日高分 3 号两期雷达数据,通过预处理后,获得两期影像重叠区域,进而开展分析。通过两期影像对比监测显示：①高分3号影像上，水体边界清晰，特别是河流、水库等这些大面积水体，在影像图上明显区别于其他地物，辨识度高；②此次强降水过程主要引起部分河流（平江河、寨蒿河和都柳江）水体面积的上升和水位的上涨（图7.40）；③利用阈值分割法结合目视判别，分别提取出两个时次的水体，并通过空间分析方法计算出水体区域变化情况，结果见图7.41所示。从图中可以看出，在监测的6个乡镇中，忠诚镇和古州镇的寨蒿河、平江河和都柳

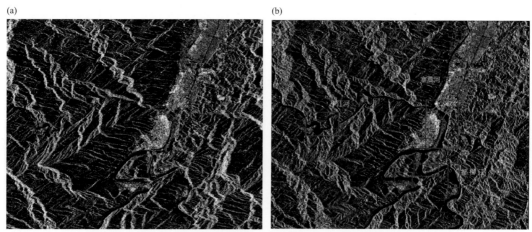

图 7.40 榕江县内部分河流水体 GF-3 卫星影像图

(a)2020 年 7 月 5 日；(b)2020 年 7 月 12 日

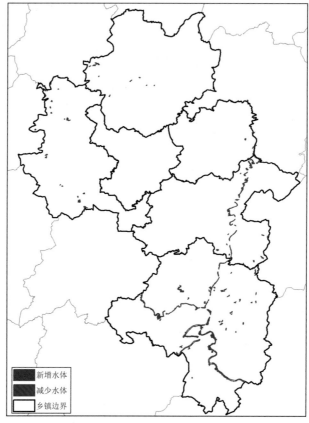

图 7.41 榕江县内 GF-3 卫星监测到的水体变化情况

江上新增水体明显,平永镇有小部分新增水体,其余乡镇无明显新增水体。通过统计,新增水体面积为 7224.1 亩。

7.4 本章小结

本章首先介绍了城市热岛效应监测原理以及业务技术方案,并利用不同的指标方法,对贵州境内两个主要城市(贵阳和铜仁)的城市热岛强度进行了分析。其次基于不同数据源分析了贵州省 9 个市(州)空气质量指数、首要污染物及 AOD、O_3、SO_2、NO_2 的分布及演变情况。最后利用全省气象站点数据分析了 1961 年以来一般洪涝发生次数的演变情况及空间分布,并基于哨兵 1 号和高分三号 SAR 卫星遥感数据开展区域洪涝分布监测,主要结论如下。

(1)贵阳和铜仁城市热岛监测表明,2019 年贵阳市热岛面积少于 2018 年,较强以上的热岛主要分布在云岩、南明、花溪和观山湖区的部分地区;铜仁市主城区 2018 年、2019 年城市热岛效应较小,强度小于 3 ℃。

(2)地面站点污染监测显示,贵州 9 个市(州)的主要的首要污染物为 PM_{10}、$PM_{2.5}$ 和 O_3,全省 9 个市(州)优良率均在 90% 以上,贵州环境空气质量较好。

(3)遥感污染物空间分布监测表明,2005—2019 年间贵州省 O_3 浓度高值区为遵义和铜仁地区,低值区为六盘水、毕节和黔西南的部分地区;SO_2 高值区主要集中在贵阳、遵义西南部和毕节东部,低值区为贵州东北部、黔东南和黔西南地区;NO_2 高值区位于遵义、毕节部分区域,低值区位于贵州东南部、南部和威宁地区;2001—2016 年的 AOD 监测显示,5 个 AOD 高值区(AOD>0.6)位于贵州省北部、东南部和贵阳等地,AOD 低值区(AOD<0.2)主要位于贵州西部海拔较高地区,近 16 a 来,贵州 AOD 整体呈现下降趋势,趋势率为 -0.059/10 a。

(4)贵州洪涝灾害偏多的年份为 1991 年、1996 年和 2014 年,偏少的年份为 1973 年和 1975 年,发生次数最多的区域在贵州西部,主要位于六盘水东部、安顺西部及黔西南州北部,西北部的威宁、赫章、毕节一线发生次数较少。利用洪涝发生前后的 SAR 影像数据,可以对洪涝造成的地势低洼处及河流增加的水体变化进行遥感反演,从而开展洪涝影响监测评估服务。

第8章
山地旅游生态气象

8.1 贵州山地旅游资源

贵州旅游资源极为丰富,被誉为"中国的大宝库""东方的瑞士""中华民族的大公园""天然的大空调"。喀斯特景观奇特,如峡谷、泉、洞穴、天坑、瀑布、湖泊、峰林等均广泛分布,丰富的动植物资源、民族风情、革命史迹等在世界和国内也占有重要地位。2016 年开展的旅游资源大普查,普查登记旅游资源单体共 82679 处,优良级旅游资源 7607 处,普通级旅游资源 56245 处,未评级旅游资源 18827 处。结果显示,黔东南州旅游资源最多,其次是铜仁和遵义市。其中旅游资源的建筑和设施类占比最高,达 24.91%,其次为地文景观类(23.61%),康体养生类最低(0.31%)。贵州喀斯特和丹霞地貌最具特色,以中国南方喀斯特荔波世界自然遗产、梵净山世界自然遗产、中国南方喀斯特施秉世界自然遗产、海龙屯世界文化遗产、贵州织金洞世界地质公园最为著名。

8.1.1 在生态质量方面

贵州气候冬无严寒,夏无酷暑,空气质量优,全省 9 个中心城市环境空气质量平均优良天数比率为 99.5%,县城以上城市空气质量优良天数比率 98.3%。水环境良好,贵州省主要河流监测断面水质优良比率达 98.2%,9 个中心城市饮用水水源地水质达标率保持 100%,重点旅游区垃圾、污水处理率达 98% 以上。

8.1.2 在旅游资源方面

贵州省拥有黄果树、龙宫、百里杜鹃等 8 家 AAAAA 级旅游景区;赤水丹霞、织金洞、千户苗寨等 126 家 AAAA 级旅游景区,其中百里杜鹃、织金洞为世界级名牌景区。全域旅游示范区方面,全省"国家全域旅游示范区"创建单位 18 家,其中花溪区、赤水市、盘州市成为国家首批"国家全域旅游示范区"。旅游度假区方面,全省有国家级旅游度假区 1 家——赤水河谷国家级旅游度假区,省级旅游度假区 35 家。生态旅游区方面,拥有国家级生态旅游示范区 4 家,国家级文化生态保护试验区 1 家,1 个全国康养旅游示范基地,1 个中国国际特色旅游目的地。旅游小镇方面,全省山地特色旅游城镇 100 个。

8.1.3 在人文旅游方面

贵州以生态文明引领旅游发展,着力构建"快旅慢游"体系,不断丰富贵州旅游的人文和生态内涵，生态优势不断转化为旅游产业优势，"山地公园省·多彩贵州风"品牌影响力大大提升。培育了六大品牌旅游区及品牌支撑资源：环雷山民族文化旅游区、环梵净山生态文化旅游创新区、丹霞赤水生态旅游区、百里杜鹃-织金洞国际生态旅游休闲区、大黄果树国家休闲度假旅游区、大荔波世界遗产旅游区。重点打造六大潜力旅游区及品牌支撑资源：中国天眼国际科普旅游度假区、黎从榕侗文化休闲度假区、海龙屯世界文化遗产旅游区、国酒茅台文化旅游区、乌蒙大峡谷休闲度度假旅游区、兴义世界级山地户外运动中心。

8.1.4 在生态旅游方面

生态旅游全域空间化总体布局呈现出"一个旅游中心、六条旅游走廊、七大旅游区以及八个枢纽节点"的基本格局，串联支撑 70 个旅游小镇、100 多个特色村寨，以项目推进为抓手，实现旅游全域化发展，形成了一系列"生态旅游+"模式。如，黔中"休闲度假中心"、遵义"山地旅游+红色文化+名酒文化"、毕节"山地旅游+康养度假"、铜仁"山地旅游+温泉康养"、六盘水"山地旅游+避暑康养"、黔东南"山地旅游+民族文化"、黔南"山地旅游+天文科普"、黔西南"山地旅游+户外运动"模式等(图 8.1)。"十三五"期间，贵州围绕绿道功能和范围，统筹推进省域城乡一体化建设，构建了互联互通的 11 条国家风景道、11 条国家级登山健步道、10 条省级登山健步道、10 条骑行绿道，将山地美景串珠成链、联网成片(图 8.2)。

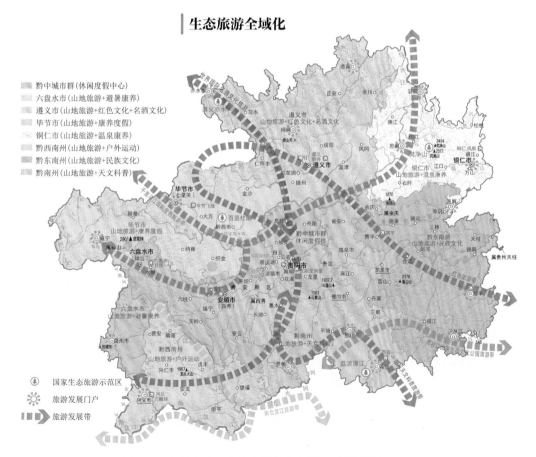

图 8.1　贵州省生态旅游全域化分布图(贵州旅游局，2013)

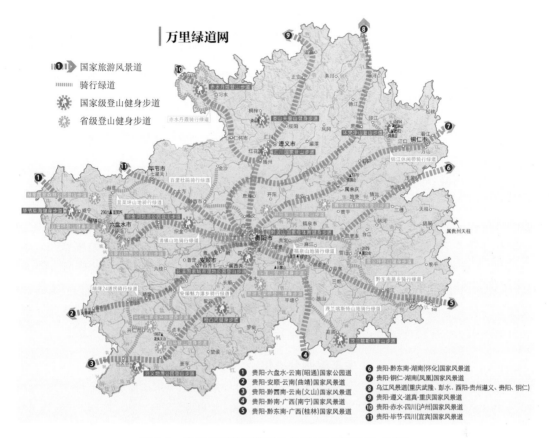

图 8.2 贵州省万里绿道网分布图(贵州旅游局,2013)

8.1.5 新时代下的贵州旅游发展

2020 年 12 月,中共贵州省委、贵州省人民政府印发了《关于推动旅游业高质量发展加快旅游产业化建设多彩贵州旅游强省的意见》(简称《意见》)。《意见》指出,要着力推进全域旅游示范省建设,加快形成全域旅游发展新格局,加快形成齐抓共管新局面。积极发展以民族和山地为特色的文化旅游业,加快推动"中国温泉省""山地索道省"建设,打造红色文化旅游带、世界名酒文化旅游带、国际天文科普旅游带、千里乌江滨河度假旅游带和民族文化旅游带等特色旅游带,加快"旅游+"多产业融合发展,建设一批富有文化底蕴的世界级旅游景区和度假区,系统提升特色山地旅游产品和品牌,持续提升"山地公园省·多彩贵州风"旅游品牌影响力。《意见》指出,要着力推进旅游产业化发展。在加快完善山地旅游产品方面,要优化传统业态,创新产品和服务方式,培育新业态、新产品、新模式,推动旅游业转型升级,大力推进避暑康养游、文化体验游、乡村休闲游、研学探险游、体育健身游同步快速发展。

多年来,贵州气象部门发挥贵州避暑气候和生态资源的比较优势,加强宣传推介,为打造有核心竞争力的旅游品牌提供气象保障。"十四五"期间,将"推动'旅游+气象'深度融合发展",围绕旅游产业化和全域旅游示范省建设,突出旅游发展和旅游安全两个重点,进一步提升气象服务能力和水平,为助推贵州旅游产业化发展提供优质的气象保障。

8.2 山地生态旅游评估方法

山地生态旅游是一种与自然相结合的新兴旅游形式,已成为旅游业发展的新方向和实现旅游业可持续发展的首要选择。贵州以山地为主,是依托山地水体、动植物、立体气候等自然资源的旅游大省,发展山地生态旅游对贵州省经济发展和社会进步具有重要意义。为满足贵州山地生态旅游的服务需求,急需发展和加强生态气象和卫星遥感在贵州省山地生态旅游评估技术和应用服务。

8.2.1 山地生态旅游评估模型与指标

为突出贵州省山地景观美、生态好、气候佳的旅游优势,并在此基础上发展生态旅游气候服务,从景观、生态、气候三方面入手,基于卫星遥感及气象观测数据,建立贵州山地生态旅游评价指标(ETI)。指标值可以综合反映某山地的景观情况、生态环境情况及某时段内旅游适宜度,指标值越大,表明该景区景观格局越合理、生态环境质量越好、气候条件越适宜出行旅游。

(1)山地生态旅游评价模型:

$$ETI = a \times LI + b \times EI + c \times TCSI + TCI \tag{8.1}$$

式中,LI 为山地景观生态指标,EI 为生态环境指标,TCSI 为旅游气候适宜性指标,TCI 为特色旅游修正指标,a、b、c 分别为 LI、EI、TCSI 权重系数,LI、EI、TCSI 分别为标准化后的指标。指标适用评价周期为关注区域内山地生态旅游的月、季、年评价。

(2)山地景观生态指标

山地景观生态指标旨在实现山地地形地貌景观格局特征评价。评价方法采取优势评价,即对地形起伏度、景观多样性、生态系统优势度三个指标进行计算,选取区域内评分最高的指标作为该区域景观生态评价指标。

①地形起伏度指标:基于 DEM 计算地形起伏度。

②景观多样性指标:基于土地利用计算一级土地利用分类,计算景观多样性指标。利用最新土地利用分类数据,提取全省范围及关注区域内土地类型种类个数,并计算关注区域内土地种类占全省种类数的比例,作为关注区域内景观的多样性指标,反映关注区景观多样性对最大多样性的偏离程度。

③生态系统优势度指标:反映多样景观中,主导景观所占比例,即关注区域内面积最大的土地类型占区域面积的比例。

(3)生态环境指标

评价方法采取指标加权的方法,包括对植被状况(植被覆盖度)、水体环境(归一化水体指数)、空气质量(气溶胶光学厚度)的评价。

①植被覆盖度

以归一化差分植被指数(NDVI)为基础,利用式(8.2)计算陆地植被覆盖度 FC。

$$FC = \frac{NDVI - NDVI_{min}}{NDVI_{max} - NDVI_{min}} \tag{8.2}$$

式中,$NDVI_{min}$ 和 $NDVI_{max}$ 分别为每类土地覆被类型的 NDVI 最小值和 NDVI 最大值。

②归一化水体指数

利用贵州省河流和水库数据,按河流和水库的级别划分等级,设定不同影响范围,建立缓冲区,最后进行归一化处理。

③气溶胶光学厚度

气溶胶光学厚度(AOD)是描述气溶胶对光的削减作用的,是表征大气浑浊程度的关键物理量。AOD值越大表明大气能见度越低,因而此项权重系数取为负值。

(4)旅游气候适应性指标

实现旅游气候适应性评价,指标包括温度、降水、日照、风等因素,模型公式为:

$$TCSI = 2 \times [5CD + (R_d + R_t) + 2S + W] \tag{8.3}$$

式中,CD 为白天(08—20时)热舒适性指数,R_d 为白天雨量指数,R_t 为白天雨日指数,S 为日照指数,W 为风效指数。具体计算方法详见地方标准 DB52/T 1514—2020《贵州省旅游气候适宜性评估技术规范》。

(5)特色旅游修正指标

特色旅游修正指标是根据不同区域、不同观赏对象、不同季节等旅游特色及其他因素,对指标进行适当修正等。此项为主观评分值范围在±5之间,例如,某区域内以花为主要观赏对象,开花时节则可利用该指标作为加分项。

8.2.2 山地生态旅游评估技术流程

山地生态旅游评估技术流程如图8.3所示。

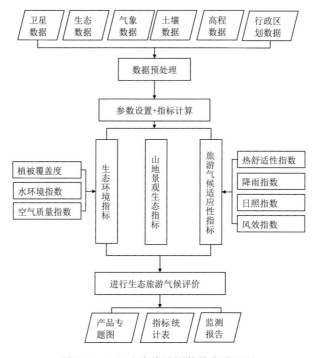

图8.3 山地生态旅游评估技术流程图

8.3　重点景区生态旅游评估

贵州梵净山是"贵州第一名山""武陵第一峰",是国家级自然保护区及国家 AAAA 级旅游景区。保护区位于贵州省东北部的江口、松桃、印江三县交界处,它不仅是乌江与沅江的分水岭,而且还是横亘于贵州、重庆、湖南、湖北四省区的武陵山脉的最高主峰,区域内保护动物种类之多、区域性之广、区系之复杂为全国罕见。

8.3.1　景观生态指标

分别计算保护区范围内地形起伏度、景观多样性、生态系统优势度,取区域内评分最高的指标作为该区域景观生态评价指标。计算结果显示(表 8.1),梵净山国家级自然保护区内,生态系统优势度达 0.56,为最高,因此,区域内景观生态指数取 0.56。

表 8.1　梵净山国家级自然保护区景观生态指数

地形起伏度	景观多样性	生态系统优势度	景观生态指数
0.18	0.5	0.56	0.56

8.3.2　生态环境指标

以 2019 年 8 月为例,分别计算梵净山国家级自然保护区区域内 NDVI、归一化水体指数及气溶胶光学厚度三个指标值,采用层次分析法计算各指标所占权重,确定权重分别为:0.413、0.378、0.209。对三个指标进行加权,计算得到保护区生态环境指数。结果显示(图8.4),保护区生态环境指数为 0.31~0.92,区域东部生态环境优于西部。

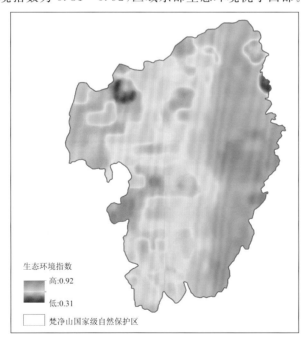

图 8.4　2019 年 8 月梵净山国家级自然保护区生态环境指数

159

8.3.3 旅游气候适应性指标

利用 2019 年 8 月保护区附近气象站点温度、降水、日照、风速及相对湿度,计算旅游气候适应性指标。对站点计算结果进行插值,结果如图 8.5 所示,保护区 2019 年 8 月旅游适应性指数由西北部向东向南增大,但是整体上旅游适应性指数较低,其原因在于 8 月铜仁地区整体气温较高,对附近测站气象要素分析可知,8 月平均气温及最高气温均较常年偏高,降水东南部偏高,西北部则明显低于常年同期。

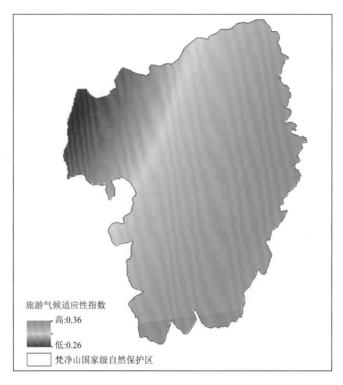

图 8.5 2019 年 8 月梵净山国家级自然保护区旅游气候适应性指数

8.3.4 特色旅游修正指标

特色旅游修正指标是根据区域、季节等旅游特色及其他因素对指标进行适当修正。8 月一方面是旅游旺季,另一方面由于气象站点多建设在城(县)区,温度会明显高于保护区范围内的温度,而旅游气候适应性指标评价依靠气象站点数据,对保护区内的旅游适应性指标评价会低于实际情况;同时该保护区距离附近国家级气象站点较远,气象要素空间分辨率低,对旅游适应性评价也会存在一定偏差。基于上述几方面原因考虑,8 月保护区范围内特色旅游修正指标定为 0.3,作为加分项。

8.3.5 山地生态旅游评价结果

综合景观生态指数、生态环境指数、旅游气候适应性指数,对三个指数进行加权计算,权重系数的确定同样采用层次分析法,所得权重分别为:0.316、0.285、0.399,再加上特色旅游修正指数 0.3，最终得到 2019 年 8 月梵净山国家级自然保护区山地生态旅游评价指数，并对指数进行适宜等级划分，划分标准是将 0～1 等分为四个等级，分别为一般[0,0.25)、较适宜[0.25,0.5)、适宜[0.5,0.75)、非常适宜[0.75,1)。

图 8.6、图 8.7 分别为 2019 年 8 月梵净山国家级自然保护区生态旅游评价指数及适宜等级分布图。可见，8 月保护区生态旅游评价指数呈西北部向东向南增大的分布形式。由等级划分可见，除西北部边缘地区为适宜等级外，其余绝大部分区域为非常适宜等级。

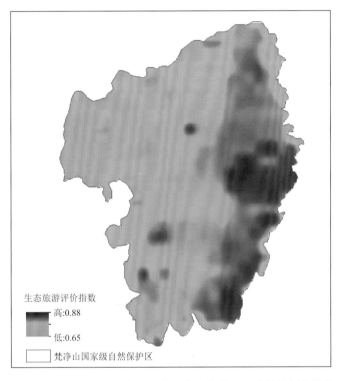

图 8.6　2019 年 8 月梵净山国家级自然保护区生态旅游评价指数

8.4　本章小结

本章主要介绍了贵州山地旅游资源状况，包括生态质量、人文旅游、生态旅游等，基于卫星遥感及气象观测数据，建立了山地生态旅游评估模型，并在重点景区梵净山进行了生态旅游评估应用。

（1）在旅游资源方面，贵州气候冬无严寒，夏无酷暑，空气质量优。全省拥有 8 家 AAAAA 级旅游景区、126 家 AAAA 级旅游景区；成功创建国家全域旅游示范区 7 家、国家级生态旅游示范区 4 家。全省共培育了六大品牌旅游区及品牌支撑资源和重点打造了六大潜力旅游区及品牌支撑资源。以项目推进为抓手，呈现出了"一个旅游中心、六条旅游走廊、七大旅游区以及八个枢纽节点"的生态旅游全域空间化总体布局，实现了旅游全域化发展。

（2）依托贵州的山地水体、动植物、立体气候等自然资源，从景观、生态、气候三方面入手，基于卫星遥感及气象观测数据，建立了山地生态旅游评估模型，该模型主要包括的指标有：山

生态旅游适宜等级
较适宜
适宜
非常适宜
梵净山国家级自然保护区

图 8.7　2019 年 8 月梵净山国家级自然保护区生态旅游适宜等级分布图

地景观生态指标、生态环境指标、旅游气候适应性指标、特色旅游修正指标等。

（3）综合山地景观生态指数、生态环境指数、旅游气候适应性指数以及特色旅游修正指数，对梵净山进行了重点区域生态旅游评估，并基于层次分析法对三个指数进行加权计算，最终得到 2019 年 8 月梵净山国家级自然保护区山地公园生态旅游评价指数以及适宜等级。8 月梵净山保护区生态旅游适应性指数呈西北部向东向南增大的分布形式，且除西北部边缘地区为适宜外，其余绝大部分区域为非常适宜等级。

第9章
高原地区人工增雨生态修复

9.1 生态修复的人工增雨基本原理及方法

9.1.1 基本原理

人工增雨是在一定的有利时机和条件下,通过人工催化等技术手段,对局部区域内大气中适宜催化的云层物理过程施加影响,使其发生某种变化,从而达到目标区域增加有效降水的一种科技措施。自美国科学家雪佛尔和冯纳格在 1946 年相继通过试验观测,证实通过向云中播撒干冰或碘化银可以促使降水的形成至今,人工增雨已成为世界一些地区进行防灾减灾的重要手段。这项工作的科学基础已被大量室内实验、数值试验研究和外场试验所证实,通过人工增雨可以增加 10%～25% 的降水量。近年来青海三江源综合治理区等多个重点生态保护区或江河湖库上游地区,通过人工增雨工程,积极实施增蓄型人工增雨作业,有效增加水资源、改善生态环境。

人工增雨作业从可催化云类云体所在的空间高度区分,以 0 ℃ 高度为界分为暖云催化和冷云催化。暖云催化是向云中播撒吸湿剂,通过增加吸湿剂促使水滴增大,增加碰并效率达到增加降水的目的;而冷云催化是向有过冷水的云中播撒催化剂生成大量人工冰晶,通过贝吉龙过程、水汽凝华和过冷水凝结使冰晶长大,长大的冰晶在下落过程中融化成水滴降落地面。目前,贵州以冷暖云增雨作业方式开发空中水资源、提高云的降水效率、增加地面水资源,改善生态环境。

9.1.2 开发潜力

贵州省地处云贵高原东侧斜坡地带,地势西高东低,相对高度达 2000 m,属于亚热带湿润型季风气候,与海洋相距不到 500 km,受孟加拉湾和南海水汽由南向北输送通道的影响,具有丰富的水汽资源,年降水量可达 1100 mm,但受季风活动的制约,降水时空分布不均,广泛分布的喀斯特地貌蓄水保水能力差,导致严重的季节性缺水,水资源短缺严重制约着贵州省社会经济发展与生态环境建设。

空中水资源既是自然资源、又是可再生的循环资源,开发与利用符合资源节约、环境保护与可持续发展的新需求。贵州秋冬季节层状云相对含水量丰富,春夏季节对流云发展强盛,加之有独特的地形动力抬升条件,通过人工影响天气作业增加降水转化效率,从而增加降水是可行的。根据计算,贵州省人工影响天气作业年增雨量达 15 亿～26 亿 m³,开发空中水资源具有得天独厚的自然优势,因此,人工增雨是贵州开发空中水资源、实现生态修复的有效途径。

就贵州水库蓄水、生态涵养、石漠化治理等生态修复性人工增雨而言,集水区主要分布于贵州省的毕节市、六盘水、安顺市、遵义市、铜仁市等地区。这一区域主要在贵州的西部,贵州西部是乌蒙山区,地形多样,山地的迎风坡对水汽流有阻碍作用,对流易在迎风坡上产生和发展,山谷的喇叭口地形和汇合区域及两山夹持的爬坡地带也极易形成对流降水。因此,在贵州开展人工增雨生态修复作业具有得天独厚的先决条件,可使降水在最大程度上变成河流径流汇入库区。

9.1.3　基本方法

（1）作业工具

目前贵州生态修复型人工增雨的作业工具主要有飞机、高炮和火箭(图 9.1)。

图 9.1　飞机、高炮、火箭作业图

飞机人工增雨作业,机动性强,催化作业面积大,可以携带播撒装置直接飞入云中播撒催化剂,还可以装载探测仪器进行云微结构的观测和催化前后云宏、微观状态变化的追踪监测,是目前采用的开发空中水资源最有效的方法之一。飞机作业要充分考虑播撒高度、催化层风向风速,根据监测预警的落区确定作业区域,结合催化剂扩散确定航线,催化剂类型确定作业高度和温度,选用冷云或暖云催化剂及其播撒装置进行播撒作业。

与飞机相比,高炮、火箭增雨作业适合于在固定目标区,特别适合于飞机难以进入的对流云进行人工增雨。高炮、火箭通过发射火箭弹、人雨弹输送 AgI(碘化银)催化剂进行作业,播撒集中,冰核数浓度高,基本上能控制发射目标区范围,但对发射弹道的准确度和稳定性以及准时爆炸或点燃、自毁粉碎或张伞减速降落功能有较高要求。

高炮和火箭作业的影响范围与天气系统和高空风的大小有关,一般情况下,高炮作业影响下风方为 7 km 左右,火箭作业影响下风方为 10 km,作业影响范围随移动风方扩展。

（2）作业条件

有些降水性云,自然降水效率不高,云的降水效率主要取决于云中上升气流、云厚和云生命期等宏观条件,也取决于云滴向雨滴或冰雪转化的微物理过程。因此,人工增雨作业必须达到一定的条件:①云和降水过程处于发展或持续阶段,云层厚度要大于 2 km;有持续上升气流(≥5 m/s);②密切与航空空域管制部门联系,得到允许,方能实施增雨作业。

（3）作业技术

作业技术实施方案的制定除了对作业天气气候背景条件及地形环境进行详细了解外,还要根据实际的雷达、卫星、雷电等监测资料作出判断,给出作业部位(发射仰角、方位)、作业时间、作业方式、用弹量等,有效地保证催化剂直接进入发展中的上升气流区,使其具有相应的冰晶数浓度,从而达到人工增雨的目的。

飞机作业重点结合贵州省生态文明建设需求,分析重点生态功能区、生态环境敏感区和脆弱区的增雨需求,结合天气系统开展大范围生态修复型增雨作业。

地面高炮、火箭作业一般按照最大射程的有效距离,在受益或影响区的上风方设置作业点。在生态修复区域上游中开展人工增雨作业,并考虑天气系统的来向,使作业催化剂顺风影响受益区域,有效增加降水。

9.2 生态修复的人工增雨作业规范

目前,贵州省 9 个市(州)、88 个县(市、区、管委会)均开展人工增雨作业,现有作业高炮 460 门左右,火箭发射系统 220 套,租用人工增雨飞机 1~2 架,新一代天气雷达 10 余部,局地预警指挥雷达 50 余部,雨滴谱仪 90 余套,增雨评估监测站 3400 余个,已经形成飞机、火箭、高炮组成的地空立体人工增雨作业的工作体系。

9.2.1 作业时段及方式

(1)作业时段:以 3—10 月为人工增雨作业重点服务时段,9 月—次年 2 月根据天气条件变化和水力发电等的需求确定。

(2)作业方式:在现有高炮、火箭、飞机作业装备的基础上,重点增强移动火箭的作业力量,统筹考虑地面作业站点和增雨飞机的优化布局,构建地空立体式人工增雨作业体系,最大程度满足贵州生态修复对人工增雨的服务需求。

9.2.2 作业机制

(1)地面增雨作业:由省人工影响天气办公室根据每次需要增雨天气过程的影响范围、移动方向、地面作业装备的布局等统一指挥,相关市(州)、县实施开展。

(2)飞机增雨作业:由省人工影响天气办公室根据天气预报资料及增雨潜势预报,拟定飞机增雨作业航线,并组织实施飞机作业,主要针对生态脆弱重点需求区域开展加密飞行。

9.2.3 作业流程

9.2.3.1 火箭、高炮增雨作业

(1)作业过程预报与作业展望(1 周)

省级:综合分析干旱、水库储水、森林火险等级等,开展人工增雨作业需求分析。分析全球天气数值预报模式数据、贵州省气象台一周天气预报指导产品,基于作业需求和一周降水过程预报,每周定期发布作业展望,主要包括适宜开展人工增雨作业时段和区域建议。市县级:按照作业展望的相关建议进行落实,组织增雨区域提前做好作业准备。

(2)潜力预报与作业计划制定(72~0 h)

省级:分析全球天气数值预报模式、中尺度天气预报模式等产品,结合国家级、省级预报产品等,制作作业潜力预报,72 h 有增雨天气条件时不定期制作发布 72 h 作业计划,主要包括作

业目标、时间、区域、作业部位、作业方式等参数。市县级:市级密切关注天气,提醒县级和作业点加强业务值班。

（3）条件预报和作业预案分析（48～0 h）

省级:通过云降水精细化分析系统（CPEFS 模式预报产品）,对云宏观场、云微观场及云垂直结构进行研判,综合分析省级降水预报产品、国家级作业条件产品、农业气象干旱监测等,制作作业条件预报产品,发布 48 h 作业预案和 24 h 作业预案,主要明确作业目标、云系类型、区域、时段、作业部位、作业方式、催化剂量等参数。

（4）监测预警和方案设计（3～0 h）

省级:密切监测卫星、雷达和云降水外推预警产品,及时发现初生云团及其发展变化情况,判断降水云系未来移动方向和速度,滚动制作下发逐 3 h 地面作业方案,主要包括云系演变、作业区域、作业时间、安全提示等参数。市县级:市级在省级发布的作业预案基础上,结合本地化作业预报细化作业区域,将作业部署落实到作业点。

（5）作业调度和实时指挥（实时）

省级:开展地面作业指令制作、滚动修订及作业指导。市县级:作业点申请作业时间开展作业,县级跟踪作业情况,通过监控系统、智能信息终端指导实施安全作业。作业信息上报:作业结束后,通过终端上报作业信息,并由县级审核,市级统一上报省级。

（6）作业分析和效果评估

逐级全面收集作业情况,按照相关流程报送。省级:利用卫星、雷达和地面降水量等多源观测数据,采用直观对比、统计检验、物理检验等方法针对典型作业过程开展精细化评估。组织重大服务过程复盘总结,建立典型作业个例库。

（7）安全管理

省级:每月初,统计人影弹药使用情况、地面作业装备运行情况,制作月报。市县级:通过业务平台每周及时上报本级装备、弹药库存信息。

9.2.3.2 飞机增雨作业

（1）过程预报与作业展望（1周）

每周五,根据增雨需求、未来一周天气预报产品等,确定未来一周飞机作业开展的时间和区域,制定一周作业展望,主要包括作业时段和区域建议。

（2）潜力预报与作业计划制定（72～0 h）

每次增雨天气过程开始前 72 h,根据增雨需求、72 h 气象预报产品等,确定 72 h 飞机作业开展的作业时段、区域、需求类型,制定作业过程、作业计划,发送作业人员,并提前进行作业空域协调。

（3）条件预报和作业预案分析（48～0 h）

每次增雨天气过程开始前 48～24 h,根据增雨需求、48～24 h 气象预报产品、人工影响天气指导产品等,确定增雨潜力落区,明确作业云系类型、作业区域、作业时段、作业部位和催化方式等,制定发布 48 h 作业预案和 24 h 作业预案;根据 24 h 作业预案,制定次日飞行作业方案,包括云条件、作业目的、飞行航线、作业时间等,飞行航线应结合作业天气系统移速移向、不同类型增雨需求及贵州云系特点等设计;根据飞行作业方案制作次日飞行计划申报表及申请单,提交贵州空域范围的军、民航空管制主管部门批复;涉及非贵州空域范围,同时提交贵州及相应空域范围的军、民航空管制主管部门批复。

（4）监测预警和作业方案修订（3～0 h）

每次增雨天气过程开始前 3～0 h，收集分析作业区域天气预报、卫星、雷达、探空资料等；监测当日作业区域天气实况，分析作业区域作业条件，对前日飞行作业方案进行修订，按要求上报业务主管部门，并发送作业人员；航务协调员协调确定作业空域、进场时间；上机作业人员携带证件、物品，按流程进场进行催化剂安装，测试机载设备，确保设备正常；机务保障员进行飞机的维护、检查；机长进行飞行前测试。

（5）跟踪指挥和作业实施（实时）

地面作业指挥人员分析云宏、微观条件，结合贵州增雨作业技术指标，通过空地通信指挥系统实时发布作业指令，科学开展飞机作业；上机作业人员按照作业方案、作业指令，结合大气探测情况，完成催化剂播撒，并按要求记录；飞机落地后，关闭机上设备电路、电源，检查催化剂播撒情况并返回弹药库，填报飞机作业信息按要求上级业务主管部门。

（6）作业效果检验

每次过程结束后，分析飞机作业潜力落区预案、飞机作业方案设计、作业合理性，按照《飞机人工增雨（雪）作业流程》（QX/T 556—2020）要求开展单次效果评估，编写作业快报上报业务主管部门；分析统计全年天气系统、作业条件、飞机作业效果等，开展年度效果评估，并上报业务主管部门。

（7）安全管理

每月初，统计飞机运行维护情况、催化剂使用情况等，制作月报。

9.3 生态修复的人工增雨技术效果评估

开展生态修复的人工增雨作业是否产生效果，是否在作业后云体或降水有积极的变化，这种变化直接表现为云的宏微观物理量，如云的厚度、持续时间、上升气流速度、云体温度和冰晶浓度等是否产生改变，间接表现为地面雨量是否增加。一般来说，效果检验按照试验性质可以分为随机化试验和非随机化试验。随机化试验作为科学上最被认可的方案，需要经过严格遵守统计学理论，符合随机抽样规则，科学设计，并进行大量随机化作业，比如美国的白顶计划、climax 试验、以色列-I、II、III 计划、古田增雨计划等，但是因随机化试验需要放弃一半的作业机会来作试验对比，鉴于目前国内的作业需求迫切且作业影响区不固定，除部分研究工作外，随机化试验基本没有开展，而非随机化试验并不需要大量的样本，仅针对单次或有限数量的作业进行分析，在实际业务中更能被接受。

目前，国内外比较认可的人工增雨方法主要有统计检验、物理检验和数值模拟检验。统计检验是基于数理统计，定量地分析增雨量，统计检验中最常用的方法有序列分析、区域对比试验、区域历史回归试验等；物理检验仅针对一次作业过程分析作业前后云系的宏微观变化，并根据这种物理特征的变化推断出相应的宏微观物理响应，定性或定量分析效果；而数值模拟检验则是通过给出的实际初始值，利用不同的模拟方案，模拟云降水过程，预报云系变化特征及降水量，并与作业后的实测结果作对比来判断作业效果。

9.3.1 统计检验方法

统计检验方法主要针对人工影响天气间接效果，即地面降水量。假设作业影响区降水量

R 和未受影响的自然降水量 R',将它们的差值 $E=R-R'$ 分析其显著性,如显著性达到一定显著性水平,就可以将 E 作为增雨效果。科研业务中,常用的统计检验方法主要有序列分析、区域对比分析、双比分析和区域历史回归分析等,除了序列分析,利用其余三种方案进行作业效果统计检验时,则必须根据天气过程、风速风向确定作业影响区和对比区。

序列分析是所有统计检验方法中最简单的一种,它假设作业影响区自然降水量在非作业历史时期上是平稳的,并没有产生剧烈突变,并将非作业历史时期的平均降水量作为作业区自然降水量,与作业期的实际降水量作为对比。

相对增雨率: $$R_{SR} = \left(\frac{Y_2}{Y_1} - 1\right) \times 100\% \tag{9.1}$$

绝对增雨量: $$O_{SR} = Y_2 - Y_1 \tag{9.2}$$

式中,Y_2 为作业影响区作业期实测降水量,Y_1 为非作业历史时期降水量。

而区域对比分析则是以同作业期的对比区实测降水量作为自然降水量与实际降水量作比较,得出人工增雨效果。

相对增雨率: $$R_{AR} = \left(\frac{Y_2}{X_2} - 1\right) \times 100\% \tag{9.3}$$

绝对增雨量: $$O_{AR} = Y_2 - X_2 \tag{9.4}$$

式中,Y_2 为作业影响区作业期实测降水量,X_2 为同期对比区降水量。

双比分析则是利用前两种方法,假定在自然降水情况下作业期作业影响区与对比区的降水量比值和非作业历史时期的对应比值是相同的,以非作业历史时期作业影响区与对比区自然降水量的比值代替作业期自然降水量的比值,求出作业影响区作业期自然降水量的估计值,然后与其实测值比较,得到人工增雨效果。

相对增雨率: $$R_{DR} = \left(\frac{Y_2/Y_1}{X_2/X_1} - 1\right) \times 100\% \tag{9.5}$$

绝对增雨量: $$O_{DR} = Y_2 \times \left(\frac{R_{DR}}{1+R_{DR}}\right) \tag{9.6}$$

式中,Y_2 为作业影响区作业期实测降水量,Y_1 为其非作业历史时期实测降水量,X_2 为对比区作业期实测降水量,X_1 为其非作业历史时期实测降水量。

此外,统计分析的另外一种方法区域历史回归分析则是基于历史样本建立作业影响区与对比区历史自然降水量回归方程,将作业期对比区降水量代入方程求得作业期作业影响区自然降水量的估计值。

相对增雨量: $$R_{HR} = \left(\frac{Y_2}{Y_2'} - 1\right) \times 100\% \tag{9.7}$$

绝对增雨率: $$O_{HR} = Y_2 - Y_2' \tag{9.8}$$

式中,Y_2' 为将作业期对比区实测降水量代入回归方程求出作业期作业影响区自然降水量的估计值,Y_2 为实测降水量。

9.3.2 物理检验方法

物理检验为人工增雨的效果评估提供了最为直接的物理判据,利用天气雷达、气象卫星、飞机机载、双偏振雷达等探测设备,探测的云体宏微观特征,并在作业后观测云体的宏观动力效应和微观物理效应等播云的直接效果,制定相应的指标,测量催化导致检验人工影响是否显著地改变这些指标。目前,物理检验分析包括云微物理参数的观测分析和云宏观动力学特征的观测分析,前者利用机载云物理探测仪器、X 波段雷达和双偏振雷达这类能反映云体微观变化的设备,获得云中粒子相态、谱宽等微观物理量,判断人工影响是否产生了预期的物理变化,是否微观物理量产生物理响应;后者主要参考的是作业后是否产生动力学响应,比如雷达回波顶高升高、回波中心增强、卫星反演产品云顶温度降低、过冷层厚度增加等。

9.3.3 数值模拟检验方法

数值模拟是利用云降水方程及人工影响天气原理模拟天气过程,建立数学模型,并基于实际的天气、边界条件的初始值用计算机求解云系变化特征及降水量的预报值,对比催化和不催化的计算结果,了解实施催化的效果。

目前,云数值模式不断建立和完善,已从一维发展到三维,不但可以研究云降水过程的宏观变化特征,且能从云体微观出发,探究微观物理过程相互作用的整体演变过程,不但可以了解云体经过催化后是否产生了变化,还能了解从哪一个环节产生了变化,数值模拟在人工增雨效果评估研究中扮演着重要的角色。

9.4 本章小结

本章主要介绍了在高原地区进行生态修复的人工增雨基本原理和方法,以及在人工增雨时的作业规范和增雨后的效果评估。

(1)贵州省秋冬季节层状云相对含水量丰富,春夏季节对流云发展强盛,加之有独特的地形动力抬升条件,在贵州开发空中水资源具有得天独厚的自然优势,也是实现生态修复的有效途径。

(2)目前贵州生态修复型人工增雨的作业工具有飞机、高炮和火箭。全省现有作业高炮460 门左右,火箭发射系统 220 套,租用人工增雨飞机 1~2 架,新一代天气雷达 10 余部,局地预警指挥雷达 50 余部,雨滴谱仪 90 余套,增雨评估监测站 3400 余个,已经形成飞机、火箭、高炮组成的地空立体人工增雨作业的工作体系。

(3)在开展生态修复的人工增雨时,具有严格的作业规范,包括作业时段及方式、作业机制、作业流程等。在生态修复的人工增雨作业后是否产生了效果,是否在作业后云体或降水有积极的变化,都需要进行技术效果评估,评估方法有统计检验法、物理检验法以及数值模拟检验法。

参考文献

安彬,孙虎,刘宇峰,等,2014.陕西省气候及其生产潜力时空变化特征[J].陕西师范大学学报(自然科学版),42(3):103-108.

陈继红,2015.贵州林业生态建设的可持续发展探讨[J].中国农业信息,179(15):92.

陈婷,金小麒,2015.贵州省森林资源质量问题与对策[J].林业资源管理(2):38-41.

陈志芬,2006.基于扩散函数的内集-外集模型[J].模糊系统与数学,20(1):42-48.

崔胜辉,洪华生,黄云凤,等,2005.生态安全研究进展[J].生态学报,25(4):861-868.

戴燚,秦雪,何蔓祺,等,2019.贵州生态林业行业发展概述[J].耕作与栽培,39(1):42-45.

独文惠,覃志豪,黎业,2018.热红外遥感及其在农业旱情监测中的应用研究进展[J].中国农业信息,30(2):24-41.

杜小玲,彭芳,武文辉,2010.贵州冻雨频发地带分布特征及成因分析[J].大气科学,36(5):92-97.

高素华,1995.中国三北地区农业气候生产潜力及开发利用对策研究[M].北京:气象出版社.

耿海波,孙虎,李根明,2008.陕西省农业生态安全定量评价及其发展趋势分析[J].农业系统科学与综合研究,24(1):36-40.

谷晓平,黄玫,季劲钧,等,2007.近20年气候变化对西南森林净初级生产力的影响[J].自然资源学报,22(2):251-259.

贵州省国土资源厅,2008.贵州省农用地分等地图集[M].西安:西安地图出版社.

贵州省旅游局,2013.贵州生态文化旅游创新区产业发展规划[M].北京:中国旅游出版社.

贵州省人民政府,2013.省人民政府关于印发贵州省主体功能区规划的通知[J].贵州省人民政府公报(8):3.

贵州省湿地保护中心,2015.贵州省的湿地资源[J].湿地科学与管理,11(4):2,1.

郭显光,1998.改进的熵值法及其在经济效益评价中的应用[J].系统工程理论与实践,18(12):98-102.

韩焱红,苗蕾,郝淑会,等,2019.基于林区智能网格的精细化森林火险气象预报模型及应用[J].中低纬山地气象,43(2):1-7.

韩宇平,沅本清,2003.区域水安全评价指标体系初步研究[J].环境科学学报,23(2):267-272.

何婧,2016.贵州省湿地类型及特点分析[J].内蒙古林业调查设计,39(1):82-83,59.

黄崇福,2005.自然灾害风险分析理论与实践[M].北京:科学出版社.

黄玫,2005.中国陆地生态系统水、热通量和碳循环模拟研究[D].北京:中国科学院地理科学与资源研究所.

黄维,杨春友,张和喜,等,2017.贵州省极端气候时空演变分析[J].人民长江,48(S1):109-114,159.

黎平,2017.续写新时代贵州林业生态建设新篇章[N].贵州日报,2017-11-29(007).

李迪,陆扬,李如强,2020.贵州省主要气象灾害灾情特征分析[J].现代农业科技,768(10):170-171.

李光一,廖留峰,段莹,等,2022.基于NDVI和GF影像的冬季未种植耕地遥感识别——以遵义市为例[J].农业与技术,42(5):28-34.

李民赞,2016.光谱分析技术及其应用[M].北京:科学出版社.

李玉柱,许柄南,2001.贵州短期气候预测技术[M].北京:气象出版社.

梁冬坡,孙治贵,郭玉娣,等,2019.基于卫星遥感的天津地区生态环境质量气象评价[J].天津农业科学,25(12):56-63.

梁莉,杨晓丹,王成鑫,等,2019.修正的布龙-戴维斯森林火险气象指数模型在中国的适用性[J].科技导报,37(20):65-75.

廖赤眉,胡宝清,严志强,等,2006.广西喀斯特地区土地石漠化与生态重建模式研究[M].北京:商务印书馆.

刘志红,MCVICAR T R,VANNIEL T G,等,2008.专用气候数据空间插值软件 ANUSPLIN 及其应用[J].气象,34(2):92-100.

骆正清,杨善林,2004.层次分析法中几种标度的比较[J].系统工程理论与实践,9:51-60.

倪研贤,2007.韶关盆地农业旱灾及其脆弱性评价[D].广州:广州大学.

牛若芸,霍盘茂,余万明,2007.森林火险气象指数的应用研究[J].应用气象学报,18(4):479-488.

钱拴,延昊,吴门新,等,2020.植被综合生态质量时空变化动态监测评价模型[J].生态学报,40(18):6573-6583.

全国气象防灾减灾标准化技术委员会,2018.森林火险气象等级:GB/T 36743—2018[S].北京:中国标准出版社.

史培军,2005.四论灾害研究的理论与实践[J].自然灾害学报,14(6):1-7.

史培军,黄崇福,叶涛,等,2005.建立中国综合风险管理体系[J].中国减灾(2):34-36.

田鹏举,黄林峰,李慧璇,等,2018.基于 NOAA 数据的近 11 a 贵州野火时空分布特征分析[J].中低纬山地气象,42(6):22-25.

王晨,2017.气象是生态文明建设不可或缺的科技支撑和保障[N].中国气象报,2017-03-16(001).

王月星,2006.闲置耕地合理利用的对策与途径研究[J].中国农业科技导报,8(6):81-83.

韦汉渝,2017.贵州省湿地资源保护现状及对策[J].现代农业科技,708(22):125-127.

吴战平,许丹,2007.贵州气候变化的科学事实[J].贵州气象,31(4):3-4

肖笃宁,陈文波,郭福良,2002.论生态安全的基本概念和研究内容[J].应用生态学报,13(3):354-358.

谢花林,李波,王传胜,等,2005.西部地区农业生态系统健康评价[J].生态学报,25(11):3028-3035.

谢双喜,2018.多彩的贵州,缤纷的森林[J].大自然(02):38-41.

严小冬,吴战平,古书鸿,2009.贵州冻雨时空分布变化特征及其影响因素浅析[J].高原气象,28(3):694-701.

阎洪,2004.薄板光顺样条插值与中国气候空间模拟[J].地理科学,24(2):163-169.

张娇艳,李扬,吴战平,等,2017.RCPs 情景下贵州省气候变化预估分析[J].气象科技,45(1):108-115.

张庆君,2017.高分三号卫星总体设计与关键技术[J].测绘学报,46(3):269-277.

张云,肖钟湧,2016.云南省气溶胶光学厚度时空变化特征的遥感研究[J].中国环境监测,32(2):12.

赵仕伟,高晓清,2017.利用 MODIS C6 数据分析中国西北地区气溶胶光学厚度时空变化特征[J].环境科学,38(7):2637-2646.

赵延治,张春来,邹学勇,等,2006.西藏日喀则地区生态安全评价与生态环境建设[J].地理科学,26(1):33-39.

郑忠,高阳华,杨庆媛,等,2020.西南山地区域森林火险综合预报模型研究——以重庆市为例[J].自然灾害学报,29(1):152-161.

周广胜,周莉,2021.生态气象:起源、概念和展望[J].科学通报,66(2):210-218.

LIU J,CHEN J M,CIHLAR J,1999. Net primary productivity distribution in the BOREAS region from a process model using satellite and surface data [J]. Journal of Geophysical Research,104(D22):27735-27754.

MCFEETERS S K,1996. The use of the Normalized Difference Water Index (NDWI) in the delineation of open water features[J]. International Journal of Remote Sensing,17:1425-1432.

NIEMEIJER D,DE GROOT R S,2008. Framing environmental indicators:Moving from causal chains to causal networks[J]. Environment,Development and Sustainability,10:89-106.

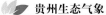

RAPPORT D J,COSTANZA R,MCMICHAEL A J,1999. Assessing ecosystem health[J]. Trends in Ecology & Evolution,13:397-402.

REMER L A,MATTOO S,LEVY R C,et al,2013. MODIS 3 km aerosol product:Algorithm and global perspective [J]. Atmospheric Measurement Techniques,6(6):69-112.